可食景观

EDIBLE LANDSCAPE

曾小冬 刘青林 / 编著

中国林业出版社

图书在版编目（CIP）数据

可食景观 / 曾小冬, 刘青林编著. -- 北京：中国林业出版社, 2018.9
ISBN 978-7-5038-9572-2

Ⅰ. ①可… Ⅱ. ①曾… ②刘… Ⅲ. ①景观设计 Ⅳ. ①TU986.2

中国版本图书馆CIP数据核字(2018)第102018号

可食景观

曾小冬　刘青林　编著

参编人员　强 蕊　任栩辉　王士旭

策　　划　吴 卉
责任编辑　吴 卉　高兴荣
封面设计　周周设计局

出版发行　中国林业出版社
邮编：100009
地址：北京市西城区德内大街刘海胡同7号
电话：010－83143552
邮箱：jiaocaipublic@163.com
网址：http://lycb.forestry.gov.cn
经　　销　新华书店
印　　刷　北京雅昌艺术印刷有限公司
版　　本　2018年9月第1版
印　　次　2018年9月第1次
开　　本　889mm×1194mm 1/16
印　　张　7
字　　数　280 千字
定　　价　69.00元

序言

园林的起源大致可分为两类。中国园林基本上是师法自然、人做而成的；西方园林大多是从食用、药用的园圃起源的。从菜园（厨园）、果园、药草园，到庭园、花园、公园、景观，随着社会分工更加专业化，这样的演变是水到渠成的。我们从"园林结合生产"到都市农业、可食景观，似乎也在走一条返璞归真的道路。

曾小冬、刘青林都是我们北京林业大学园林学院的校友，多年工作在园林绿化工程、研究和教学第一线，对可食景观有独到的见解。他们合作编写的这本《可食景观》从可食景观的概念、历史、现状和功能，可食景观的规划、景观设计、植物设计、活动设计，可食景观的施工养护、种植工程、植物整形，居住区的可食景观，城市公共空间的可食景观，都市农业，可食景观的展望等各个方面，结合文化、生态和景观的角度，全面论述了可食景观。本书图文并茂，可读性强；既有一定的理论性，也有很强的操作性。

目前，我国园林建设事业在城乡表现出不同的特点。在城市，经过多年坚持不懈的园林绿化，绿量、绿视率、绿化覆盖率等绿化本底已经基本达标，对城市公共园林绿地景观的提升、美化（花坛、花境）、特色化和功能多样化，包括家庭园艺（可食景观）的推广是重点。在乡村，城乡统筹的一体化规划、美丽乡村的建设、乡村旅游的发展，是生态宜居、乡村振兴的关键。在生态文明和美丽中国的建设中，尤其是美丽乡村及乡村振兴过程中，可食景观、经济花卉将会发挥更加重要的作用。

世界园艺生产者联合会副主席
中国园艺学会副理事长、观赏园艺专业委员会主委
国家花卉工程技术研究中心主任
北京林业大学教授

2018 年 8 月 17 日

目录

可食景观的施工养护

031-048

居住区的可食景观

049-058

城市公共空间的可食景观
059-082

都市农业
083-090

可食景观的展望
091-100

参考文献
101

图片来源
101

何为“可食景观”？

可食景观的概念

可食景观（地景），即“食用园林”（Edible Landscape），是指由一些可供人类食用的植物种类构建而成的园林景观；核心是可食园林植物 (Edible landscape plants)。其并非是指简单的种地，而是用园林设计、生态设计和农艺设计的手法设计场地，使其成为富有美感和生产、生态价值的景观场所。在设计和建造景观时运用可产出食品的作物，结合有产出的树种、浆果植物、蔬菜、香草和可食的花卉，连同装饰性植物一起进行综合设计。包括栽培果树、种植菜园、创建药草园和花卉苗圃等诸多活动在内的城市可食景观建设，均能在美化城市环境的同时，为市场提供更多优质、安全的农产品，增加城市景观的直接经济效益（图 1-1）。

图 1–1 可食景观

对于现代城市景观的发展，通过综合利用植物，提升景观实用价值的可食景观是一种全新的设计理念，是城市景观很重要的组成部分之一，可以应用在任何适宜的城市环境中。借由观光型农业园区的规划、城市园林的设计、农艺社区的建造等一系列表现形式，体现自身独有的特色。这些设计可以适应任意风格样式的花园，在任何的地方，包含植物可以部分或完全为可食用植物。

同传统意义上的景观设计相比，可食景观在城市景观规划与设计过程中展现出的参与性和多功能，可能才是近些年受到人们越来越多关注的真正原因。

01 在遵循城市景观设计基本原则的基础上，充分考虑城市环境中可利用的一切可食性植物材料。从设计整体意向出发，以注重景观使用者的参与程度、感官感受和内心体验为前提，使人们在观赏可食景观时也能参与其中，体会设计要表现的文化内涵。简言之，这就是可食景观的“参与性”。

02 生态文明在一定程度上引导着当代人的价值观的变化。可食景观使城市景观与环境完美融合，在体现出景观的生态价值和文化价值的同时，也表现出经济价值和社会价值。简言之，这就是可食景观的“多功能”。

因此可以说，具备观赏性与实用性的可食景观与传统景观的实际效果还是有所区别的。可食景观可以实现不同景观类型之间的优势互补，丰富景观的内涵，并对现代人产生巨大的吸引力，为现代城市未来的发展提供更多的可能性与上升空间（图 1-2）。

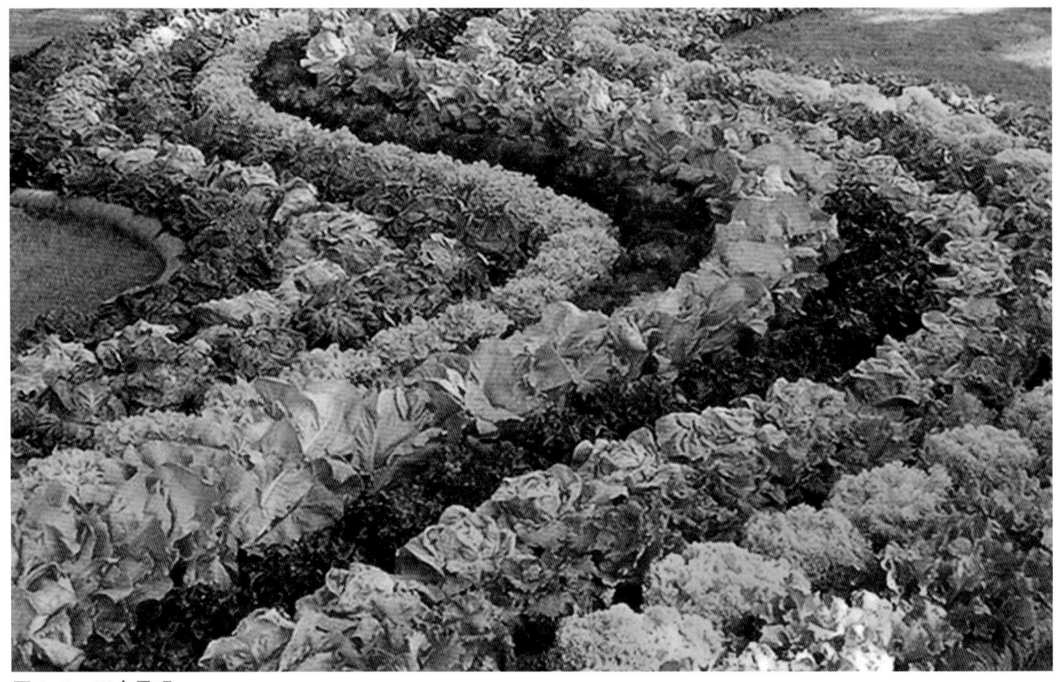

图 1–2　可食景观

可食景观的历史与现状

西方可食景观的历史与现状

试想一下，如果能将居住范围内的菜园设计得如同城市中的园林一样，不仅可以扩大农作物种植的有效面积，还能使整个居住区的景观环境发生翻天覆地的变化，人们的饮食、生活习惯也会越来越健康。在这样的背景之下，发展城市农业生产和建设城市景观之间的矛盾便成为可食景观出现的主要原因之一。

其实，与其说可食景观是一种新事物，还不如说它是人们在社会发展到一定阶段产生的对传统文化的一种回归和复兴。很早以前，农作物与观赏植物种植在一起不是什么新鲜事。遥远的古巴比伦和古埃及园林中，都曾出现过可食景观的踪迹。但到了文艺复兴时期，人们为了方便在管理城市的同时也发展城市，开始有意识地将大田农作物与纯粹观赏性的园林植物分开种植。直到第一次、第二次世界大战期间，在美国，人们尝试着在私人住宅院落和城市公园中开辟出空间进行农作物或蔬菜的种植，作物的身影才又得以在城市中重现。在那个时期推行的这种特殊活动，有效地缓解了战争给城市带来的食品供给压力，还使城市普通居民感受到自己付出的劳动，为战争做出的贡献，间接鼓舞了必胜的士气，被人们亲切地称为“胜利花园”运动（图 1-3）。至此，借由美国“胜利花园”的成功范例，英国、加拿大、德国等其他西方国家也开始向国民呼吁这种在自家开辟空间种菜、自给自足的形式。至 20 世纪 70 年代，现代田园城市理念开始慢慢复苏。居住在城市中的人们自己种植食物，实现从消费者到生产者的转换过程，无论对个人还是社会，抑或城市环境本身都具有了更多意义。城市生态系统拥有更丰富的物种，而且这些物种具有较强适应能力来保持生态稳定。人们在近距离接触自然、改善身心健康的同时，向关注环境品质提升以及邻里之间和谐方向发展，城市逐渐人性化并充满活力。

在当今城市现代化飞速发展的时代，不仅

图 1–3　二战期间美国“胜利花园运动”

城市农业生产是人们需要考虑的问题，其与人工景观环境关系的融洽程度也对城市的健康发展具有至关重要的作用。如在农业景观形成前，利用适当的园林景观设计手法，塑造城市农业景观，便能在完成城市景观美化的同时，达到城市农业景观化，而非城市景观农业化的目标。

借由城市农业景观化发展的契机，城市中陆续涌现出农业与景观结合的新概念，都市农业、观光农业和可食景观等都是城市农业景观的新形式。

在西方国家，渐渐地出于对环境美化和食品安全的双重考虑，人们越来越重摸索视城市中食物生产与环境保护结合的具体方式。人们发现，使用身边一切可利用的土地空间，种植具有良好观赏效果的可食果树、花卉、蔬菜和药草等作物的过程，除了提供观赏和游乐功能以外，也能承担起人们生活所需的一定食物来源，平衡家庭食物供求关系，节省能源，降低食物运输里程并保证食品安全。至此，可食景观模式就应运而生。城市以当地食物为主要来源，以不影响人类生活质量为前提，调整农业产业结构的发展模式已经迈入了全新的复兴阶段。它们揭示本地有机农产品、体育运动和城市居民健康三者之间的关系，推广永续的生活和饮食方式，传播人们对于食物的美妙体验，鼓励人们积极承担改善社区与环境的责任，最终农业生产、城市生态环境和城市社会关系达到协调统一。

中国可食景观的历史与现状

早在西周时期，人们就在囿、圃中栽培植物或圈养动物，中国传统农耕经济逐渐兴起，农业经济与园林艺术进入一个崭新的发展阶段。中国早期的园林与菜园和果园是不分的。过去人们经常在房屋周围或者村落的聚集地附近，栽果种树来进行适当的环境绿化，具体的园艺活动主要从遮阴、防风、采果及收菜等一些实用角度来考虑（图1-4），这便是中国园林艺术的雏形。随着时间推移，这种宅旁、村边、园圃绿地种植植物的娱乐、欣赏功能开始逐渐显现，但食物生产等实际使用功能却随之慢慢退化。

中华人民共和国成立以后，为尽快恢复国家各方面的正常运转，拉动国民经济的快速增长，人们将农业生产与园林景观进行了更详尽的区分，更加清晰地明确它们各自在国家发展中的定位、功能与作用。食用园林的概念开始以“以园养园、园林结合生产”的模式来指导园林建设过程。在这个全新的历史发展阶段，人们提倡在园林中广泛种植粮食、蔬菜及果树等植物，农业生产与园林景观的联系得以恢复。有了园林结合生产理念的指导，人们真正认识到园林景观的丰富内涵，认识到不能仅依靠单一植物来进行园林绿化活动，或只注重生产功能而忽略园林景观的观赏性与艺术性的体现。

其实，如果能将园林观赏与生产过程紧密结合，传统园林建设模式的优势就能得以发挥。在适当保留场地原有历史文化信息，有效结合并利用多种土地资源，改善自然环境的基础上，能进一步缓解农业经济的压力，创造更多的社会财富，推动城乡一体化的建设进程。

中国作为一个历史悠久的农业大国和城市化进程越来越快的发展中国家，本身就有许多富含农耕文化和民俗风情的自然景观，以及独特的城郊田园农业景观。城乡一体化进程的加快、城市经济的不断发展，势必会引发人类活动空间减少、农业生产过载，生态环境恶化等一系列的城市疾病，影响自然生态环境、人类身心健康与社会经济发展。如果能找到一种可将农业生产和景观营造这对看似对立实则统一的建设内容完美融合的途径，那么新时代对中国城市园林景观建设的新要求就有望逐步实现。可以说，在中国城市中建立新型农业景观体系，创造包括可食景观在内的城市新园林景观类型正当其时。

为了打造城市农业健康发展模式和兼具“生产型”“生活型”“生态型”“文化型”的风景园林新内涵，21世纪的中国对于城市农业与园林景观结合也有了更多探索和实践，可食景观就是人们可将食品生产与景观营造完美结合的一种途径。它在防治城市环境污染、营造绿色景观的同时，还为城市提供无污染的农产品，不断满足城市居民的食品要求，改善人体健康，带动相关行业的可持续发展。这意味着现代景观不再只是一个被动的供人们使用的空间，而是一个不断产出食品的循环生态空间。

近年来，可食景观在中国现代景观建设中有了更多、更好的发展平台，许多城市都认识到它的重要性。政府鼓励人们对农田、果园、花圃及茶园等农业资源进行开发，形成内容丰富的农业生产方式，将其中观赏性极佳的可食植物种类以多种形式配植，创造出赏心悦目的田园景观，以此争取更多市民对可食景观的喜爱与认可。

图1–4　柳沟农家院丝瓜荫棚

图1–5　可食植物

可食景观的功能

推动城市经济发展

可食景观产出粮食和果蔬的过程改变了传统农业耕作的形式，使人们以新的农业生产方式自给自足，推动农产品和城市景观环境的融合与更新，促进现代农业经济的发展。在保证城市经济体系稳定的同时，强化了城市食品安全及农业产业体系的可持续发展，拉动了城市经济效益的增长。

将产出农产品的可食植物种类（图 1-5），与具有良好观赏效果的乡土植物搭配，在食物生产和运输过程中使农作物从生产到加工，从运输到销售，都串联成一个全新的链条，形成更加便捷和现代化的农业经济系统，以减少能源损耗。这样一种便利、快捷又享受的食物生产过程，势必会吸引更多城市居民。过去那种单调、耗时、耗能的农业生产模式，将成功转变成为现今可供全民参与、多形式、低消耗的农业生产模式，显著提升农业经济效益，推动市域经济发展。在为城市带来直接和间接经济效益的同时，可食景观在土地利用方面的优势也随着城市用地紧张的问题，逐渐凸显了出来。可以充分利用零散土地，在满足园林景观功能的同时也满足市民的食品需求，提高土地利用价值，降低食物运输、销售及包装成本，增加经济效益。可见，高效利用土地资源，从有限土地空间挖掘更大的使用潜力，使用尽可能少的土地面积生产尽可能多的粮食和果蔬，从而满足城市居民日常生活的需求，帮助人们实现以前就有的，使用自己身边土地自由耕作并得到宝贵回报的愿望（图 1-6、图 1-7）。

图 1–6　高效美观的可食植物景观

图 1–7　可食植物种植

促进身心健康，融洽人际关系

可食景观对于人们的健康具有诸多裨益，体现在身、心两个方面。首先，不论哪种类型的可食景观都能为人们提供一个在城市中亲身参与农耕劳动、锻炼身体的机会，从而改善身体健康状况（图 1-8）。在遵守耕作过程科学性与规范性的基础上，亲自动手收获的作物与农产品，保证了食品的质量与安全。其次，可食景观的观赏性为人们枯燥的工作和生活削减压力，排解种种不良的心理情绪，保持轻松的心情和舒缓的精神状态（图 1-9）。长此以往，就可以大幅提高人们的身心健康水平，提升城市的幸福指数，并塑造具有城市特色的居民整体精神风貌。

图 1–8　丰富城市居民日常生活的农耕活动

图 1–9　缓解人们病痛与压力的景观塑造活动

机械取代人力、大规模开垦土地、过度使用化肥与农药等农业生产方式，虽然在一定时间内比较有效，却不是保持城市食品安全且永续生产的长久之计。可食景观恰好为大家提供了利用自己身边的土地，亲自动手生产日常所需食物的机会，自己生产食物或直接购买当地农产品，会大大减少农业生产对自然能源的消耗。从种植养护到产出销售等不同的生产过程，可食景观也为城市提供更多的工作岗位，缓解就业压力，有利于保持城市社会的稳定状态。

由此可见，可食景观的出现与发展，使人们进一步理解了城市农业发展与自然生态改善合二为一的新景观模式，思考城市究竟需要什么样的优质景观，如何才能有效缓解社会经济发展与自然生态环境日益严重的矛盾和冲突。在取得经济和生态效益的基础上，为人们创造出更多空间和场所，使城市居民亲自参与劳作过程，感受身边的可食景观，从内心接受、认同，并用心呵护和维护可食景观。

改善城市生态环境

可食景观由于特殊的生产地点和种植方式，与传统农业生产方式相比具有许多优点。可食景观产出的食物会影响城市居民的食品安全状况。因此，人们在设计、建造和维护可食景观的过程中，一直坚持无污染、无公害、无浪费的基本准则，希望尽可能减少生产过程对环境的污染，保证城市食品的安全性与有机性，保护人们的身体健康。充分利用有机堆肥替代各种化肥，采用环保型耕作工艺，避免农业生产源头的污染。将农业产生的生物垃圾和生活废料，加工成有益景观建设的材料或肥料重新利用。改良城市土壤、增强土壤透气性、保水性及肥力，为植物提供更好的立地条件。

具有生态保护作用的可食景观兴起之后，便成了人们在城市景观建设中重点采用的一种生态建设途径。它是一种食用、观赏两不误的全新景观风格，在有效提升城市农业经济的同时，也带给人们感官享受和亲身体验。人们可以从身边的任何小场地入手，逐步扩展到整个城市环境中。创造和谐的小型生物群落，并形成稳定的景观生态系统，为城市居民营造更宜居、更人性化的景观环境，完成城市新旧景观的良好过渡，促进城市生态环境的改善。

让现代城市文明与传统农耕文明和谐发展

对于人类居住的城市而言，发展经济和保护环境一直是一对矛盾的概念，如何协调他们之间的关系是人们不断探讨的重要课题。难道重视食物产量却忽视环境破坏，重视园林景观设计而忽略实用性能够满足人们的精神需求吗？答案必然是否定的。因为不论出产粮食却美感不足的农田林地，还是外表光鲜却耗费资源的园林景观，都不是现代都市农业发展的途径。

近年来，能观赏又能食用，具有多重效益的可食景观成为让小空间发挥大作用的新景观类型（图 1-10）。人们在小小的阳台或屋顶上，将美观的可食用观赏植物与新鲜的观赏果蔬恰当的组合在一起，就能将有限的空间装饰得更富美感，为人们带来无限情趣。或许门前院落中品种繁多、硕果累累的观赏果树，造型优美的攀缘类花果藤与纯观赏植物配植，可打造属于自己的、独具一格的可食景观。或许在利用率极高的城市社区和公园，可食植物与观赏植物的结合是园林植物景观的新形式。无论是自然与景观的融合、美观与实用的兼顾，还是人文精神与生态理念的互动，都是建设现代城市过程中须思考和解决的问题。可食景观对自然、人类、城市建设和社会发展具有深远的影响。

其实，从城市居民自己支配的小空间，再到体现环境氛围的大空间，可食景观的应用对于人类建造符合自己内心期待的城市具有相同的作用。城市中土地的性质及面积大小，并不影响可食景观各种功效的发挥。城市居民可以通过自己的辛勤耕耘，在自家院落中体会到农耕活动的快乐，并收获安全的新鲜农产品。城市的园林景观体系可以变得更加完善，热岛效应和雾霾污染得到有效缓解，人居生态环境变得越来越好。

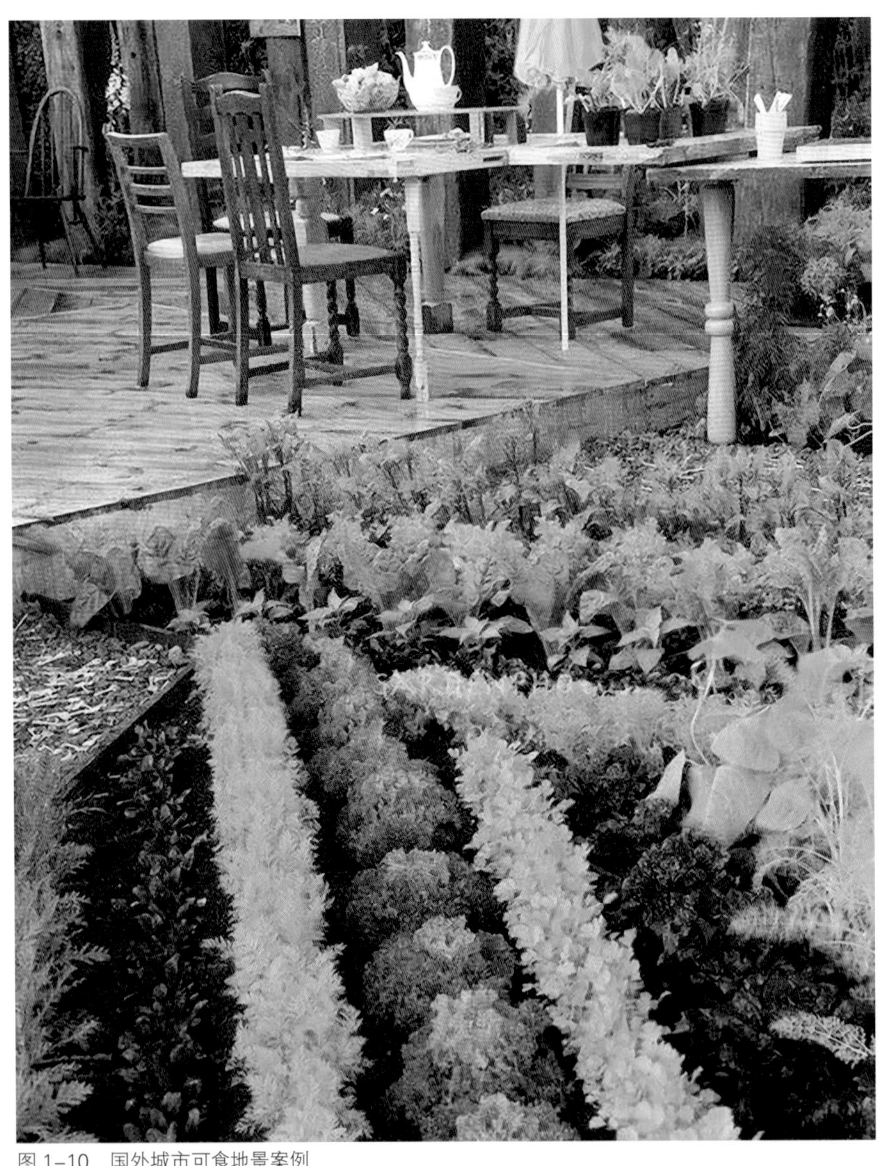

图 1–10　国外城市可食地景案例

2 可食景观的设计

可食景观的规划

结合城乡绿地系统

可食景观兼具休闲、 生态、 教育、 形象展示等功能， 适用广泛， 符合城市大园林、 城乡大生态的趋势， 可在居住区、 公共空间 （办公与商业场所、 屋顶花园与垂直绿化）、 公园绿地 （城市公园与花展、 附属绿地）、 都市农业 （社区互助农业、 园艺疗法、 观光农业园） 中规划、 应用，为城乡规划提供了新的参考 （图 2-1）。

可食景观具有突出特点，可自成体系，也可与城市绿地乡村发展配合规划。 无论是哪种组成方式，均需要整体性规划。 整体性规划需要考虑可食景观与周边环境相互作用，场地需求、周边水文、植物、气候条件、 土壤等因素均是可食景观规划的前提。 可食景观与城乡规划相结合， 将可食景观对于食品安全性、 城市生产力的效力综合考虑， 全面综合构建城市绿色可食体系。

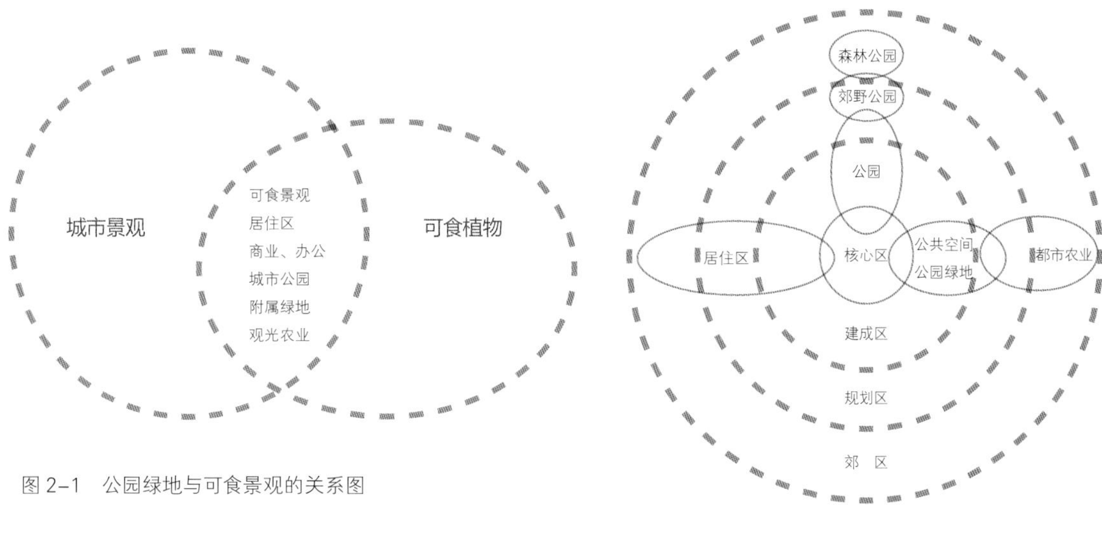

图 2-1 公园绿地与可食景观的关系图

接轨城市绿色食品体系

可食景观纳入城市绿地范畴， 等同于将绿色食品体系与城市日常生活接轨， 在传承城市绿地生态性的同时增强了城市生产力， 补充城市绿地中的空缺。

融合绿地防灾减灾和城市安全

可食景观融入城市绿地， 后者所具有的避灾减灾功能将会有更大的作用。 城市避灾场所中要求的供水与物资储备两项功能， 可食景观均可部分满足。 尤其是新鲜农产品， 可以完成部分食品供给。

可食景观的设计原则与构图形式

设计原则

可食景观兼具物质产出和文化继承，具有可持续发展的生态性功能，应结合当代景观设计手法，综合其自然美和季相美，赋予更多美感和意境。可食景观的设计需考虑景观与环境的融合、美观与实用的融合、人文价值和生态价值的融合。在整体构架的基础上丰富细节，注重体验性的设计，提升游人参与感。

01 美学构成原则

景观中两种层次的美——形式美和意境美，同样蕴含于可食景观设计之中。空间、规模、构成形式、风格、线条、色彩、气味等是体现形式美的主要元素，遵从多样与统一、对比与调和、均衡与稳定、比例与尺度等原则。

意境美是视觉、情感和想象的产物，是景观感受者在有限的风景之外产生的象外之象、景外之景。"境生于象外"，比拟联想，借视觉、听觉、嗅觉等营造感人环境，景观与人心灵、情感、经验、体验等形成的共鸣，是景观艺术的终极追求。诗词书画、园林题咏等点缀发挥，都是制造景观意境美的方式。

02 可持续性原则（永续设计）

设计应从解决社会、经济、环境问题的角度出发，遵循可持续发展的原则。可食景观对于城市环境、经济、景观可持续发展方面蕴含巨大潜力，投入与产出的平衡、参与者积极性的调动是可食景观可持续发展的关键因素。

图 2–2 台湾庭园的永续设计

随着人们对生态与可持续发展理念理解的逐渐加深，全新的永续设计方法出现在人们的视野之中。永续设计是科学、是农业，也是一种生活哲学和艺术，更是人们心中难得的永续生活态度，可以被应用在人类社会发展与生态环境保护的方方面面。一个好的永续设计会把景观中所有元素都结合起来，创造出一个和谐的景观整体。景观的每个元素都被恰到好处的置于与景观整体及其循环有关的位置上。设计中的每个细节都结合在一起设计，用来完成相互间对彼此的支持。可以说，这种挖掘大自然运作模式，对其进行模仿，来设计庭园与人们生活，建设人类社会与自然环境平衡点，在城市最小空间、广阔农田菜地与连贯水体流域内，都充分发挥自身作用的观念就是永续设计的主要精神和根本原则。它适合应用在以设计目标和现有元素与条件为基础的每块场地之中。无论是阳台、屋顶，还是楼群、社区，亦或整个城市，永续设计理念都能应用其中，且是城市农业生产系统重建必不可少的一步（图 2-2、图 2-3）。

图 2–3　坡地水土保持的永续设计

构图形式

景观设计讲究“意在笔先”，“意”即主题立意，“笔”指设计形式。可食景观设计的立意即充分挖掘业主或设计师心中的内涵元素，恰当立意，才能创造出有品位和丰富审美情趣、体现时代感的可食景观可通过模仿相似项目，从生态角度出发、从“诗情画意”出发、从地方风情出发、从历史文化出发、从生活或设计理念出发、从技术材料角度出发、从功能出发来立意，明确景观立意后即可进行构图设计。

可食景观构图可包括平面构图和立体造型。平面构图是将交通道路、绿化面积、小品位置，用平面图示的形式，按比例准确地表现出来。

立体造型整体来讲，是地块上所有实体内容的某个角度的正立面投影，主要通过景物主体与背景关系来反映。

可食景观的平面构图形式与园林设计有许多相似相通之处，可分为规则式、自然式以及混合式。

规则式种植，在平面规划上多依据一个中轴线，在整体布局中有较明显的对称或重心关系，地块划分广场、水池、花坛时多采用几何形式，园路多采用直线型；植物栽种大多规整，株、行距明显均齐，整体构图形式感鲜明（图 2-4）。

自然式种植，在平面规划或地块划分上因地制宜随形而定。园路多采用弯曲的弧线形；菜地、果园、水体等多随原地形地貌的自然形态。自然状貌是一种全景式仿真自然或浓缩自然的构图方式（图 2-5）。

混合式种植，主要指规则式、自然式交错组合，全园没有控制主轴线和构图中心，通常是整体构图偏自然式，只有局部景点、建筑周边为规则式布局（图 2-6）。

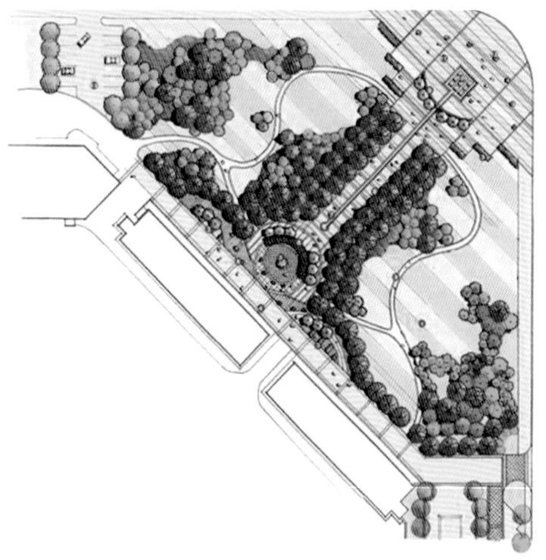

图 2–4　规则式构图

图 2–5　自然式构图

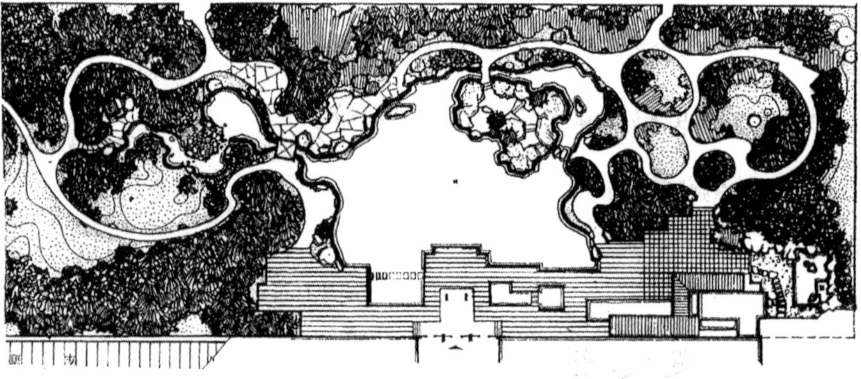

图 2–6　混合式构图

可食景观尺度的设计要点

可食景观的设计更多考虑的是其应用范围内的景观效应。景观空间划分、体量构成、距离远近等会为体验者营造不同的尺度感受。从尺度角度将可食景观分为远观尺度、游赏尺度和亲近尺度，不同的尺度可能在同一空间里同时出现，一种尺度也会附带其他尺度的功能。

远观尺度设计要点

远观尺度可食景观主要从场地形态、 周边环境、 层次、 构图、 色彩等考虑， 以空间层次与植物构图为主， 体现可食景观的和谐美、 层次美和色彩美。

可借助园路规划、 休息点和观景设施的设置， 提供更好的游赏体验和观赏视角， 同时要注意景观保护， 避免过度干扰。

远观尺度可食景观典型代表有茶园和谐美 （图 2-7）；梯田地形、层次美 （图 2-8）；油菜花田 （图 2-9）、 桃花林 （图 2-10） 的色彩美。

图 2–7　茶园

图 2–8　元阳梯田

图 2-9　油菜花田

图 2-10　桃花林

游赏尺度设计要点

游赏尺度可食景观加入了人与景观的交流，这种交流仅限于景观为游人提供游赏的环境和场所，进行可食景观组合美、姿态美、品种美的展示。此阶段，可依托游人向往自然、回归自然的心理需求，以可食植物为主，因地制宜，打造集聚观赏性和新奇感的可食景观。这一阶段的设计要点主要是游线的合理性，休憩点以及活动场地的布置。

游赏尺度可食景观的典型代表有综合公园中的蔬菜专类园、药草园、香草园，农艺展示园的温室展厅、室外展示（图 2-11、图 2-12）。为增强可食景观的游赏性，在此阶段应突出田园特色，打造主题性可食景观园区，配合主题小品设施，主题活动，增强景观的游赏趣味性。

图 2–11　昆明世博园蔬菜瓜果园（一）

图 2–12　昆明世博园蔬菜瓜果园（二）

亲近尺度设计要点

亲近尺度可食景观是将人的活动与景观营造相融合，在考虑整体景观效果的同时，方便人员操作。这一尺度中，人们除了对景观色彩有直观的感受，同时对植物、铺装、小品等质地的感受也更为真切。亲近尺度中需要考虑布局的合理性，注意区块划分，切忌大片种植，为避免过度凌乱，可用适当的材料进行分隔。这一尺度的可食景观是应用最为广泛的一种，无论是农业主题庄园内可进行采摘活动的部分，还是市政、企事业单位附属园区、社区互助农业、居住区内庭院种植，甚至是室内应用，均需要细致地考虑部分甚至全部亲切尺度可食景观的可参与劳动操作的尺度要求。

亲近尺度布局样式可分为自然式布局（图 2-13）和规则式布局（图 2-14）。

亲近尺度可操作性区块划分（图 2-15 ~图 2-17）。

图 2–13　自然式布局

图 2–14　规则式布局

图 2–15　立面可操作性展示

图 2–16　区块周边设置硬质铺装，方便操作

图 2-17　绿篱区分的种植区块

可食景观的植物设计

植物是可食景观打造中最核心的要素。 可食景观中植物配植以可食植物为主， 园林植物也可辅助组景。

可食植物的分类选择

依据主要用途可分为：果树， 蔬菜， 花卉， 粮食作物， 香草、 香料与药用植物、 食用菌等。

01 果树是能提供可供食用的果实、 种子的多年生植物及其砧木的总称。 包括木本落叶果树、木本常绿果树以及多年生草本果树。 例如， 苹果、 梨、 海棠、 山楂、 木瓜、 桃、 李、 杏、樱桃、 猕猴桃、 树莓、 石榴、 葡萄、 核桃、 板栗、 榛子、 银杏、 柿树、 枣树等。

02 凡是可以用于佐餐的植物统称为蔬菜。 其中以一二年生及多年生的草本植物为主， 还有有少量的木本蔬菜 （香椿、 竹笋等）。 可用于佐餐， 且有多汁的产品器官 （根、 茎、 叶、 花、果实） 的植物， 均可以列为蔬菜植物的范围。
按照其食用器官可分为： 根菜类 （萝卜、 芥菜、 甘薯等）、 茎菜类 （马铃薯、 莴笋等）、叶菜类 （小白菜、 结球甘蓝、 韭菜等）、 鳞茎类 （洋葱、 大蒜等）、 花菜类 （花椰菜、紫菜薹等） 和果菜类 （南瓜、 番茄、 豇豆等）。

按照其观赏特性可分为 ：观叶 （羽衣甘蓝、 彩叶苋、 紫叶生菜、 红叶甜菜、 紫背天葵、花叶苦菊等）、 观花 （金针菜、 桔梗、 菊芋等）、 观果 （樱桃番茄、 五彩辣椒、 玩具南瓜、观赏葫芦、 鸡蛋茄、 蛇瓜等）、 观干 （香椿、 竹笋等）。

按照其适宜的栽培方式可分为 ：阳台蔬菜、 盆景蔬菜、 庭院蔬菜等。

03 可食用花卉是利用叶或花朵直接食用的花卉植物。 不少可食用花卉， 不仅根、 茎、 叶、花以及果实可观赏， 还可供制药、 酿酒和提取香精等。

可食用花卉观赏特性以观花为主， 例如， 牡丹、 玫瑰、 菊花、 百合、 木槿、 茉莉等，少数以观叶、 干为主， 如芦荟、 食用仙人掌、 刺槐等。

按照其适用范围可分为 ：露地可食花卉和温室可食花卉。

04 粮食作物是以收获成熟果实为目的， 经去壳、 碾磨等加工程序而成为人类基本食粮的一类作物。 与蔬菜和果树不同之处， 粮食作物的种子含水较少。 因此， 它们比蔬菜或水果耐贮存。很久以前人们就开始栽培它们。

粮食作物主要分为：谷类作物 （小麦、 水稻、 玉米、 燕麦、 黑麦、 大麦、 谷子、 高粱和青稞等）、 薯类作物 （甘薯、 马铃薯、 木薯等） 和豆类作物 （大豆、 豌豆、 绿豆、小豆等）。

05 香草、 香料与药用植物。 其中香草是指会散发出独特香味的植物， 通常也有调味、 制作香料或萃取精油等功用，其中很多也具备药用价值。 主要取自绿色植物叶的部分。 常见香草有罗勒、月桂、 紫苏、 细香葱、 莳萝、 墨角兰、 薄荷、 牛至、 欧芹、 迷迭香、 鼠尾草、 龙蒿、百里香、 香蜂草、 茴香、 芫荽、 香茅草、 鼠尾草等。

香料是指植物的种子、 花蕾、 果实、 花朵、 树皮和根。 有些情况下， 一种植物既能用于生产香草又能用于生产香料。 常见香料有多香果、 马槟榔、 辣椒、 肉桂、 丁香、 孜然、 生姜、肉豆蔻、 胡椒、 八角、 花椒等。

药用观赏植物是指具有较强的观赏性的药用植物总称。 观赏性可以是植物的花、 果、 枝、 叶和树干，药用可以是植物的叶、 枝、 花、 果、 皮和根，是以观赏为主、 药用为辅的园林植物。

06 食用菌是指子实体硕大、 可供食用的蕈菌 （大型真菌）， 通称为蘑菇。 中国已知的食用菌有 350 多种， 其中多属担子菌亚门， 常见的有香菇、 草菇、 蘑菇、 木耳、 银耳、 猴头、竹荪、 松口蘑 （松茸）、 口蘑、 红菇、 灵芝、 虫草、 松露、 百灵和牛肝菌等 ；少数属于子囊菌亚门， 其中有羊肚菌、 马鞍菌、 块菌等。

可食植物的色彩设计

可食植物的景观设计要考虑株高、 质地和颜色， 其中最显著的就是色彩设计。 可食植物的色彩设计同样遵循着绘画艺术和造园艺术的基本原则， 即统一、 调和、 均衡和韵律四大原则。 在色彩设计中， 对比和协调尤为重要。 可食植物色彩丰富， 花、 叶、 果、 干依次更替， 形成丰富的色彩层次 ；四季更迭， 各有收获， 呈现多样的色彩意境。

可食植物的色彩表现主要以对比手法为主， 如色彩冷暖色对比、 深浅对比等， 冷暖色对比强烈醒目， 视觉美感震撼 ；而深浅色对比更加柔和， 给人以淡雅清晰和谐的美感。

可食植物色彩美主要体现在叶、花、果、干。 植物叶色绝大多数是绿色的，在色度上有深浅不同，

图 2-18　植物叶色明度与冷暖色块对比

在色调上也有明暗、 偏色之异， 构成可食景观的基调色彩。 植物花色相对丰富， 主要有红、黄、 蓝、 紫、 白、 橙色系，其中，红、 黄、 橙为暖色系，适宜营造热烈、 欢快的氛围；蓝、紫、白属于冷色系，适宜营造宁静、优雅的氛围 （图 2-18）。 果实在秋季营造色彩美的同时，体现可食景观收获之美， 赋予其象征意义。 色叶植物的运用更能增添可食景观色彩之美。

可食景观的常规种植设计

可食景观的种植设计应综合考虑所选择的可食用植物的种类， 土壤气候的适应性， 种类之间的色彩搭配， 食材产出的时间关系， 以及适宜管理方式的差异化等因素， 所以规划设计者必须充分了解项目区域的立地环境条件， 充分了解所选择的可食景观植物的全生长周期的形态、 色彩特点及园艺管护的特性， 用园林艺术的造景手法加以配植处理， 才能为人们呈现一处观赏与收获的佳境， 一幅可食植物景观的美丽画卷！

可食植物的几种种植创意

01 “一米菜园” 设计新颖、 操作简单且可无限复制 （图 2-19）。

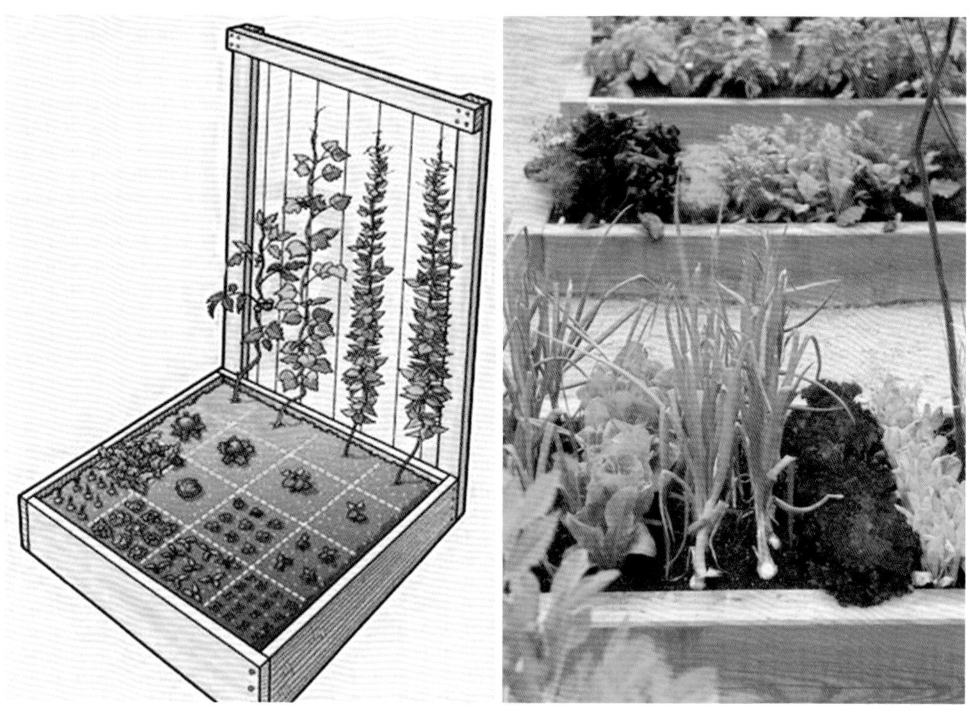

图 2–19 一米菜园示意

02 管道种植水培蔬菜的种养方式比较简单， 不需要时常加水、 洒水， 也不需要刻意的种养经营， 仅仅需要的是半个来月全面换水然后再滴入几滴营养液即可， 是时下一种既省时间又省事的种养方法之一， 具有清洁可控、 美观卫生等优点 （图 2-20）。

图 2–20 管道种植

03 水上栽植。 例如， 深圳城市和建筑双年双城展 （Urbanism Architecture Bi-City Biennale， 简称 UABB） 获奖作品—— “漂浮农场” （图 2-21）。 在双年双城展场地上， “漂浮农场” 创造了一系列开放的较浅区域， 其中一些填充了种植场地而另一些是漂浮着种植盒的水面。 它们一起创造了一个结合了鱼塘、 鸭子和鱼的多循环的生态系统， 其中养耕共生， 培育水藻并且还进行水过滤。

可食植物的景观潜力很大， 传统作物期待更多的展示方式， 好的设计更能将可食植物的美展示出来。

图 2–21　漂浮农场

可食景观中的其他专项设计

园路与铺装设计

可食景观中需要为游赏休闲人员和劳动管护人员设置园路、 广场、 活动场地等， 可食景观中的其他专项设计， 其铺装材质不仅具有组织交通和引导游览的功能， 同时还直接创造优美的地面景观， 给人美的享受， 增强了景观艺术效果。

可食景观中铺装材质设计应有利于可食植物生长， 与可食景观打造风格相符。 从铺装尺度、 色彩、 质感、 分区等方面进行设计。

在景观设计中，铺装的尺度主要是指景观铺装所构成的空间尺度，包括铺装面积及其界面细节与人体感知的相对关系。 铺装图案大小对外部空间能产生一定的影响， 形体较大、 较开展则会使空间产生一种宽敞的尺度感， 而较小、 紧缩的形状， 则使空间具有压缩感和私密感。

铺装色彩是衬托景点的背景， 要注意与周边环境色彩相协调。 地面铺装的色彩须沉着，色彩的选择应能为大多数人所接受。 色彩应稳重而不沉闷， 鲜明而不俗气。 不同的色彩会引起人们不同的心理反应， 一般认为， 暖色调表现热烈、 兴奋的情绪 ；冷色调表现幽雅、宁静、 开朗、 明快， 给人以清新愉快之感 ；灰暗色调表现忧郁、 沉闷的情感。 因此在铺地设计中， 应有意识地利用色彩的变化， 来丰富和加强空间的气氛。

铺装质感须尽量发挥材料本身所固有的美， 以体现出花岗石的粗犷、 鹅卵石的圆润、青石板的大方等不同铺地材料的美感。 铺装的好坏不只是看材料的好坏， 而是决定于它是否与环境相协调。

铺装分割是很好地划分景观空间与引导视线的方式。 例如， 两个不同功能的活动空间往往采用不同的铺装材料， 或者即使使用同一种材料， 也采用不同的铺装样式。

可食植物周边及内部铺装材料应以透水性铺装为主， 避免对土壤的破坏。 常用铺装材料主要分为天然砾石、 石材类、 地砖类、 透水混凝土类和木材类。

石材主要类别有天然大理石、 人造大理石， 天然花岗岩以及人造花岗岩 ； 地砖类主要类别有水泥砖、 砌块砖、 透水砖、 广场砖、 仿古砖、 烧结砖、 陶土砖等 ； 混凝土类主要包括沥青混凝土以及水泥混凝土 ； 木材类主要包括生态木、 防腐木、 原木、 碳化木等。

园路可大致分为主路、 支路、 小径三类。

主路一般贯穿整个区域形成地块的骨架。 大型园区的主路宽度一般设置 4 ~ 6m， 可通行车辆， 道路的材质、 颜色的选择应结合植物配置， 做到和谐美观。

支路对主路起辅助作用并与各个分区相联系，一般而言，单人行的园路宽度是 0.8 ~ 1m, 双人行为 1.2 ~ 1.8m, 三人行为 1.8 ~ 2.2m。 园路的线形要求圆滑舒展， 流畅， 形成优美的景观。

小径是最随性最体现意境的小道， 宽度从 0.6 ~ 1m 不等， 形式更加多样化， 更好地与种植区相衔接， 体现出富于变化和趣味的硬质景观。

小品、设施设计

可食景观中小品、 设施可满足休息、 装饰、 结合照明、 展示以及服务需求等，可作为组景、观赏、 渲染氛围的重要元素。

景观中的靠背园椅、 凳、 桌和遮阳的伞、 罩等， 常结合景观风格、 主题要求进行设计。满足游客在体验可食景观时停留休息的要求，同时与景观相融合（图 2-22）。 包括花钵、花坛、雕塑、 栏杆等 （图 2-23）； 结合景观照明设置的小品 （图 2-24）； 各种布告板、 导游图板、 指路标牌宣传 （图 2-25、 图 2-26）； 以及为游人服务的饮水泉、 洗手池、 公用电话亭、 时钟塔等 ； 为保护园林设施的栏杆、 格子垣、 花坛绿地的边缘装饰等 ； 为保持环境卫生的废物箱等均成为可食景观的装饰亮点 （图 2-27、 图 2-28）。

图 2–22　可食景观休息小品

图 2–23　坊田・天空农场装饰小品

图 2–24　照明小品

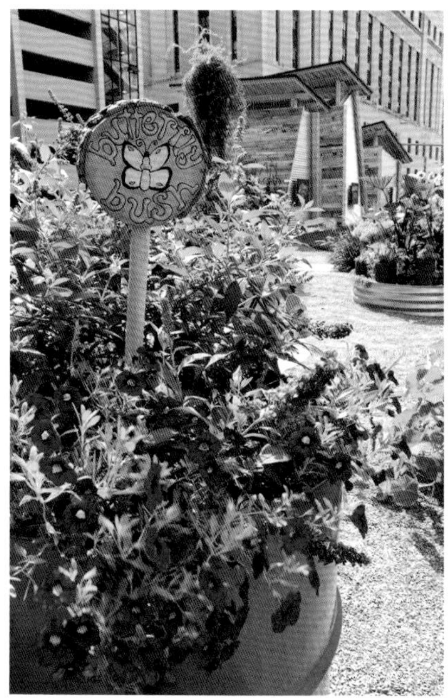

图 2–25　Lafayette Greens 标识牌

图 2–26　飞牛牧场指示牌

图 2–27　Mini 四季花园洗手池

图 2–28　Lafayette Greens 服务小品

可食景观的活动与产品设计

活动设计

可食景观具备传统园林景观所具备的改善城市环境，调节城市温、湿度，净化空气，有益身心等作用，又具备自身特点与寓意，只要用心栽培，就可以享受到美味的新鲜蔬果。针对可食景观特点，可设置不同活动类型，增强景观的互动性。

01 参观型。是指可食景观不仅仅是农作物的种植，而是以形式美法则指导设计，从而使以可食植物为主的景观富有美感和生态价值。

可食景观本身的美感不逊于任何园林景观本身。洛杉矶 Descanso 公园中心区域是市民进入公园看到的第一个展示区域，以可食景观典型案例为例，中心区被一分两半，一半种植修剪整齐的草坪，另一半则是美丽的可食花园。在展示园中央，是一座小木屋的“骨架”——它代表着最典型的美国居所的模样。房子的一侧，是普通的修剪整齐的草坪，另一侧是可食地景——或者说是精心设计的农园（图 2-29）。这不仅是视觉的对比，也是作为对照的“实验田”——这两片园子都被专业园艺师和当地的学生们照看着，他们对比维持两种不同的园子的水、肥料、人力和能源需求量，并且对“产出值”做了详细记录——收获的食物、绿肥以及生物多样性。哪方更胜一筹，可想而知了。

“很多参观者原本是以为在这里会看到那些典型的整洁、修剪平整的园林和草坪，就像你会在任何其他城市公园看到的一样。”Haeg 说，“但是当他们走进来，看到这片可食地景，他们感受到一种完全不同的美感。这片‘农园’中有非常丰富的色彩，植物被按照形状和质地搭配起来——根本就不逊色于一般的装饰性花园。而且更妙的是这些植物都可以吃！我们希望人们能重新思考，到底什么才是‘美’？”

图 2–29　Descanso 公园的可食花园

02 劳动体验型。例如，“心田计划”有机农耕环境教育项目是根与芽北京办公室 2011 年推出的关心环境主题项目，开展有机种植活动，带领青少年通过亲自种植体验可持续的耕种方式，了解健康食物是从哪里来的、食物从农田到餐桌经历了怎样的过程，增加孩子们与土地、自然的联系。同时，心田计划也在探索校园农耕对于教育的意义，鼓励学校利用有机菜园开展教育活动，培养孩子们的环境意识、责任心、合作精神等，并引导孩子们从小开始思考可持续的生活方式。

“心田计划”以播种、耕种、收获为内容，举办了一系列“清明前后、种瓜点豆”、堆肥、采摘、修剪、浇水、除草护苗、蔬菜种植等劳动体验型活动。同时结合二十四节气，感受农耕文化的意义。

03 田园活动型。例如，用可食景观的场地空间，以亲近自然亲近原生态生活为主题，开展面向青年儿童的全户外活动。包括丛林穿越、牧草城堡、植物寻宝、植物迷宫、戏水捞小鱼、童话树屋等一系列活动，体验其中的乐趣，同时设置一些经典游戏，让带孩子过来的家长一起感受自然回味童年。

产品设计

无论是短暂的游览，还是长期的劳作，可食景观之美除了视觉上与心理上的满足，当然还少不了的美味和小礼品。

我国台湾金勇 DIY 农场每年都会增加新的番茄品种，将来自各国的西红柿组合在一起的“联合国西红柿礼盒”，让游客在一个礼盒中就可以品尝到来自各国、各种形状、各种颜色、多种口味的西红柿。可食景观系列加工产品，也会成为园区最具特色的纪念品。

我国台湾九品莲花生态教育园区，他们设立有农产品加工销售中心或网点，各类农产品从产品加工、冷藏、喷洒处理到分拣包装的工艺并不复杂，但其系列产品琳琅满目，从雪糕、鲜果饮料、果粒制品、干制果品到护肤品等一应俱全。再如南投县信义乡农会引入返乡知识青年，依托本地的梅子特产，设计出几十种特色产品，加以创意包装，成为当地最具特色的农特产品和最受欢迎的旅游商品。

3 可食景观的施工养护

土建与园路施工

可食景观的施工首先是土建与道路工程。在获准建设后，应根据前期平面设计、竖向设计、园路与小品设计等，按照设计师和业主的要求制订施工组织计划，完成施工准备工作，开始现场施工。

测量和放线

在测量和放线要遵循“先整体，再局部”的原则。

按照图纸或现场实际情况选定零点，根据图纸的设计标高，在场地上测量，在精确位置钉桩标号分区域，以原点（零点）为先，依次测量其余点的标高。

计算各点标高与设计标高的差值，在所定的桩上测出设计标高的位置并标示，以便挖填方时做出精确的判断。

挖方时控制整个场地的平整度，要时时检测铺装处理的坡度，防止少挖或多挖。

铺装时在铺装区域按照坡向打桩，然后将各基础层的施工控制标高依次标示在桩上。在铺装的时候拉上线绳，控制铺装表面坡度。在铺面层的同时，随时定点、分区域检测其平整度。

景观设计中有很多弧形及圆形的线条，在放线的过程中，弧线可选用柔软度良好的皮线，在所要施工的地表摆放弧形。或者用多桩法，选好控制点，在区域里设钉桩；然后将桩与桩之间用线绳或者白灰线连接，保证其弧线的圆滑、舒展、流畅（图3-1）。

图3-1　放线示意图

给水

给水施工步骤为 ：施工准备⟶测量放线⟶沟槽开挖⟶地基处理⟶基础施工⟶管道安设⟶接头处理⟶水压试验⟶沟槽回填。

01 施工前，准确定出位置、标高，尤其是需要改移、新建、废除的给水管道的平面位置，埋管周围的建筑物等 ；清理管子及管件。

02 管道表面要求

①表面须无显著锈蚀、无裂纹、重皮和压迫等现象 ；

②各类管子的材质、规格符合设计要求 ；

③不得有扭曲、损伤，不得有焊缝、根部未焊透的现象 ；管材表面不得有机械损伤。

03 管道基础

①在土质情况较好、地下水位低于管底的地段采用素土基础 ；

②在岩石地段采用砂基础，砂垫层厚 20cm ；

③在回填土地段，管基的密实度达到 95% 后，再作 20cm 厚砂垫层 ；

④如遇不良地基，视具体情况另行处理。管槽开挖后，应采取适当排水措施，防止管槽基土扰动，沟槽如局部超挖后被水浸泡或地下水位较高时，应清除余土和被扰动土，先回填 20cm 砂夹石，再回填 10cm 中粗砂后方可铺管。

04 管道安装。给排水管道在交叉口施工时，均应与其他有关管线施工图配合施工。若发现有管道相碰时应与有关设计人员联系并调整。在施工交叉管线时应遵循先下后上的原则进行。管道与三通、弯头、异径接头等管件连接时，采用电熔连接。通电熔接时要特别注意的是连接电缆线不能受力，以防短路。通电时间根据管径大小相应设定。通电完成后，取走电熔接设备，让管子连接处自然冷却。自然冷却期间，保留夹紧带和支撑环，不得移动管道。只有表面温度低于 60℃时，才可以拆除夹紧带，进行后续工作。

05 管道压力及渗水试验。给水管道水压及渗水试验原则上分段进行，分段长度根据具体情况及上部结构的施工要求而定，以使开挖管沟能尽早回填，确保上部结构的施工进度。管道试压分段长度最长不得超过 1km，管道试压、渗水量试验符合，即满足试验压力 1.0MPa 要求后即进行填土作业。

06 沟槽回填。按管道管腔和管顶以上 0.5m 范围内用砂子回填，回填密实度要求（轻型击实标准）为 95%。管顶 0.5m 以上范围采用素土回填，回填密实度要求 （轻型击实标准） 为 90%。

阀门及阀门井 阀门直径≤ 400 毫米采用橡胶闸阀，直径 >400mm 时采用法兰式蝶阀。阀门井均按标准施工。位于车行道上的阀井采用重型铸铁井盖及井盖座，位于人行道和非铺砌路面上的阀门井采用普通型复合材料井盖及井盖座。设置在铺砌路面上的阀门井要求井盖与路面平齐，设置在非铺砌路面上的阀门井要求井盖面高出地面 30mm，并在井口周围以 0.02°的坡度向外做护坡 ；所有阀门井均按有地下水情况施工，内外抹水泥砂浆至地面。

对于管腔和管顶以上 0.5m 范围内采用中砂回填，回填密实度一定要达到规范要求，管顶 0.5m 以上范围内素土回填，也要逐层夯实，达到规定的密实度。

排水

排水设施比较简单，多数情况下，可与城镇给、排水管网工程衔接。只有在远离城镇或连接不便时，才单独设置给排水系统。除生活用水外，其余如养护、造景、消防等用水，只要无害于动植物，不污染环境的水均可排放。可利用排水设施创造配景，如瀑布、溪流、跌水等。以地形排水为主，以管渠排水为辅。

排水施工步骤为：施工准备⟶测量放线⟶基坑开挖⟶基底检验⟶砂砾垫层施工⟶排水沟底部砌筑⟶排水沟两边砌筑⟶勾缝与抹面。

整地施工

整地，包括必要的换土、土壤改良、疏松、找坡等工作，是保证植物成活和健壮生长的必要措施。施工前必须对施工现场进行清理、准备工作。

清理障碍物

施工场地，凡对施工有碍的一切障碍物如堆放的杂物、违章建筑、坟堆、砖石块等要清除干净。一般情况下，已有植物凡规格较大、形态较好的尽可能保留。

根据设计图纸的要求，将绿化地段与其他用地界限区划开来，整理出预定的地形，或平地或起伏坡地，使其与周围排水趋向一致。如有土方工程，应先挖后垫。洼地填土或去掉大量碴土堆积物后回填土方时，需注意对新填土壤分层夯实，并按照实方与虚方换算适量增加填土量，否则降水后发生不均匀沉降，会形成低洼坑地。市政工程场地和建筑地区常遗留大量灰渣、砂石、碎木及建筑垃圾等，在整地之前应全部清除。

整地作业

整地季节的早晚对完成整地任务的质量直接有关。在一般情况下，应提前整地，以便发挥蓄水保墒的作用，并使种植工程及时进行（图 3-2）。

整地的质量与可食植物生长有重要关系。整地改进土壤物理性质，使水分空气流通良好，根系易于伸展。土壤松软有利于土壤水分的保持，不易干燥，促进土壤风化和有益微生物的活动，有利于可溶性养分含量的增加。通过整地可将土壤病菌害虫等翻于表层，暴露于空气中，经日光与严寒等灭杀之，有预防病虫害发生的效果。

整地应先翻起土壤、细碎土块，清除石块、瓦片、残根、断茎及杂草等垃圾。粗略平整后，撒施充分腐熟的有机肥，然后深翻。对 8°以下的平缓耕地或半荒地可采取全面整地。根据植物种植必需的最低土层厚度要求，通常多翻耕 30cm 深度，以利蓄水保墒。对于重点布置地区或深根性树种可翻掘 50cm 深，并施有机肥，借以改变土壤结构，使微生物和根系良好发育，提高土壤肥力。

图 3-2　施工现场地形整理

平地整地要有一定倾斜度，以利排除过多的雨水。

将因挖除建筑垃圾而缺土的地方，换入肥沃土壤。由于夯实地基，土壤紧实，所以在整地的同时应将夯实的土壤挖松，并根据设计要求处理地形。种植地的土壤含有建筑废土及其他有害成分，如强酸性土、强碱土、盐碱土、重黏土、砂土等，均应根据设计规定进行换土作业。

人工新堆的土山，没有经过分层碾压夯实要令其自然沉降，至少要经过两个雨季，方可进行大规模整地种植。

土壤改良

应结合实际土壤状况，根据可食景观植物本身的特性，将它们种在适宜的土壤上；若不能满足适地适树，则需要改良土质或换土，以达到设计要求。通过土壤理化性质化验，采用深翻、增施有机肥等手段，来提高土壤的肥力，改善土壤结构和理化性质，为生长发育创造良好的条件。同时，结合其他生态和水土保持措施，维持地形地貌整齐美观，减少土壤冲刷和尘土飞扬，增强整体景观效果。土壤改良多采用消毒、深翻熟化、客土改良、培土与掺沙和施有机肥等措施。对于可食景观植物生长来说，施用有机肥的效果最好。

在整地、定植前要深翻，给根系生长创造良好条件。对重点景区或重点树种还应适时深耕，以保证植物逐年增长后的额外需要。深翻的时间一般以秋末冬初为宜。深翻的深度与地区、土质、树种、砧木等有关。在一定范围内，翻得越深效果会越好，一般以 6 ~ 10cm 为宜。深翻后的作用可保持多年，因此不需要每年都进行深翻，并应结合施肥同时进行。

种植工程

木本植物（果树、园林树木等）种植施工

果树的种植首先要根据地形、土壤、树种、品种划分栽植区。栽植穴的大小应由栽植位置、

苗木数量和土壤情况判定，一般要提前 2 ~ 3 个月挖好栽植沟，有利于肥料和杂草的腐烂。一般春季和秋季均可栽植，即当年的 11 月份到第二年的 3 月份，早栽比晚栽要好，灌溉条件好的情况下适宜春季栽种。

具体种植过程应注意以下几个阶段：选苗⟶施用定根肥⟶苗木整理⟶种植⟶浇水。

选苗应选择没有病虫害，且生长健壮、根系发达、节间粗短、没有失水现象的优质苗木。在果树栽植前，要把烂根、干枯根和残根修剪掉。种植时，应把根系理直、理顺，使根系均匀、略向下倾斜放入种植穴中。栽完苗木后，要浇水至透。在栽种后还要根据树苗高度、结合栽植季节在饱满芽处进行短截（图 3-3）。

图 3–3　桃树种植施工过程

草本植物种植施工

蔬菜花卉类的种植施工大致分为：地形整理⟶定点放线⟶起苗⟶栽植。

地形整理后需按照设计图纸测放出栽植轮廓。

起苗应在土壤湿润状态下进行，以使土壤附着在根系上，同时避免掘苗时根系受伤；如土壤干旱，应在起苗前一天或数小时充分灌水。裸根移植的苗，应将苗带着土块掘起，然后将土块轻轻抖落，随即进行栽植。栽植前勿将根系长时间暴露于强烈日光下或强风吹击。带土移植的苗，先用手铲将苗四周铲开，然后从侧下方将苗掘出，保持完整的土球，避免破碎。为保持水分的平衡，在苗起出后，有时可摘除一部分叶片以减少蒸腾。但若摘除叶片过多，由于光合作用面积减少，会影响幼苗以后的发育和生长（图 3-4）。

栽植时间尽量选择无风的阴天进行，也可选择上午 10 时以前，下午 15 时以后进行，避免中午阳光暴晒的晴天，并且在移植时应边栽植边喷水，以保持湿润，防止萎蔫。

栽植完毕后，应充分灌水。第一次充分灌水后，在新根未生出前，亦不可灌水过多，否则根部易腐烂。移植后数日应遮阴，以利恢复生长。

图 3–4　花箱可食景观种植

植物整形

果树修剪整形

整形是指对植株施行一定的修剪措施使之形成某种树体结构和形态的一种管理技术；修剪是指对植株的根、茎、叶、花、芽等部位进行剪截或剪除的一种技术措施。可见整形是目的，修剪是措施。

整形修剪是果树和园林树木管理中不可缺少的重要环节。可食景观不仅是可以食用，还要兼具景观美化功能，因此不能单纯按常规的果树栽培管理要求进行整形修剪，需遵循果树的生长特性，还要与它的景观功能相适应。不同的树种其修剪方法也不一样，通过整形修剪，达到美化树形、协调比例、调整树势、改善通风透光条件、增加开花和结果的目的（图 3-5）。

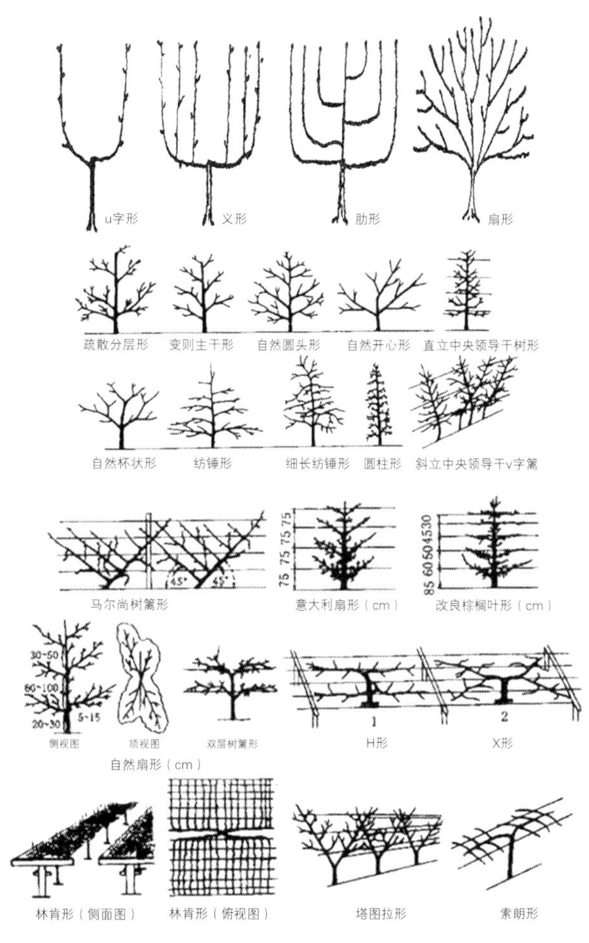

图 3–5　果树主要树形示意

花卉整形

为使花卉保持植株的外形美观，提高观赏价值，需对其进行整形修剪。整形修剪可调节植株各部分的生长，促进开花。常见的修剪方式有摘心、除芽、剥蕾、修枝、折梢及捻梢、曲枝、摘叶等。

不同的花卉采用不同的修剪形式，或根据花卉实际情况组合应用（图 3-6）。

图 3-6 修剪后花卉的组合景观

蔬菜整形

在蔬菜栽培过程中， 为了改善植物群体通风透光条件， 截获更多的太阳光， 提高植株光合性能， 平衡营养生长和生殖生长的关系， 保护植株良好的生长状态， 实现优质高产的目的，需要对蔬菜进行植株调整。

植株调整包括支架、 整枝和引 （缚） 蔓等作业，具体内容有定干、 摘心、 打杈、 摘叶、疏花、 疏果、 引蔓、 压蔓、 吊蔓、 支架、 缚蔓等 （图 3-7）。

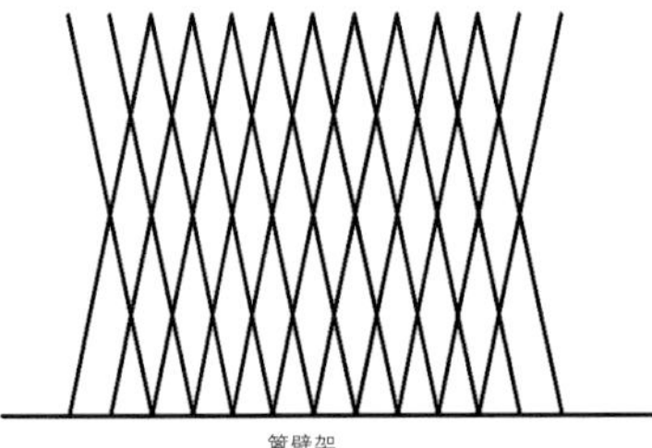

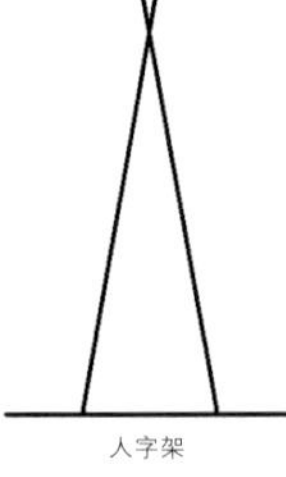

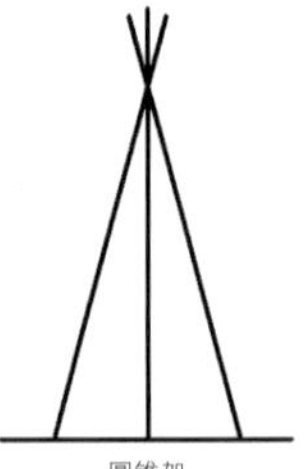

图 3-7 蔬菜的主要支架类型

土壤与水肥管理

土壤是植物生长最基本的物质基础。各种花草树木都要生长在土壤里，土壤供给植物根茎生长所需要的水分、养分、空气与温度等。

施肥

合理的施肥能够提升土壤肥力，提高土壤的有机质及矿质元素含量，增强植物生长势。施肥应根据不同植物、不同生长发育阶段决定。常见的肥料种类见表 3-1。按照施肥期的不同，肥料又可分为基肥、追肥（含叶面肥）、种肥等。根据肥料的供应情况和土壤的肥沃程度，植物对肥料的需要情况采用不同的施肥手段，如撒施（图 3-8）、沟施（图 3-9）、穴施（图 3-10）、条施（图 3-11）、环状施肥（图 3-12）等。

表 3–1 常见肥料种类

类型	种类
有机肥料	人粪尿，家禽、家畜类粪尿等 堆肥、饼肥 腐殖酸类肥料
无机肥料	氨肥：硫酸铵、硝酸铵、尿素 磷肥：过磷酸钙、磷矿粉 钾肥：硫酸钾、氯化钾 复合肥料：磷酸二氢钾、磷酸铵、钼酸铵 微量元素肥料：硫酸亚铁、硫酸锌、硼砂、硼酸
微生物肥料	根瘤菌、固氮菌、菌根菌

图 3–8 撒施

图 3–9 沟施

图 3–10 穴施

图 3–11 条施

图 3–12 环状施肥

灌水

植物在生长期单靠自然降水和地下水往往不能满足其各阶段对水分的需要，因此必须灌水。而在降水集中或雨季时，则需要及时排水防涝。所以，要适时适量灌溉。灌溉的时间与水量取决于当时当地的气候条件、土壤含水状况、土壤的物理性能和植物的生物学特性。同一树种在不同发育时期和不同的栽培条件下，对水分的需求也是不同的。常见的灌溉方式有漫灌（图 3-13）、喷灌（图 3-14）、滴灌（图 3-15、图 3-16）等。

图 3–13 常见漫灌示意

图 3–14 常见喷灌示意

图 3-15　常见滴灌示意

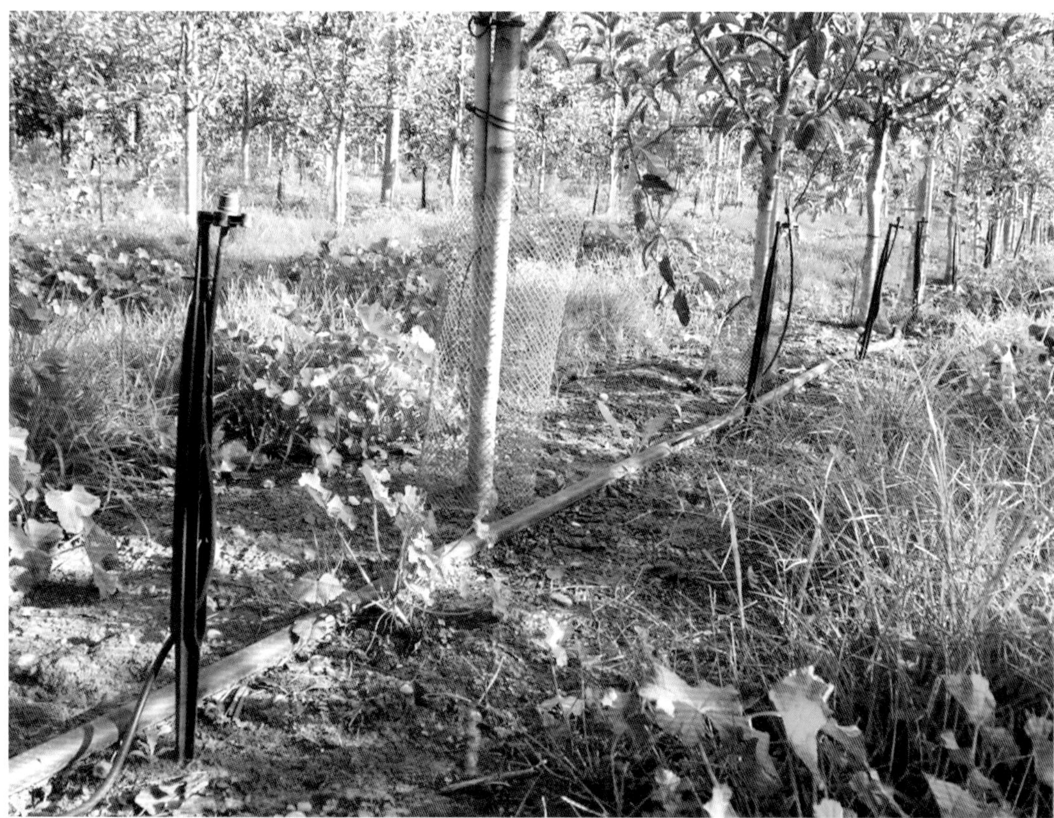
图 3-16　果树的滴灌水肥一体化设施

中耕、除草

中耕除草能疏松土壤，保墒、抗旱，增加土壤透气性，减少土壤蒸发，提高地表温度，防止土壤泛碱返盐。消除杂草可避免或减少杂草与苗木争肥、争水、争地、争光照、争空间，可减少水分、养分消耗。并可使人踏过的土壤恢复疏松，改进通气和水分状态，促进土壤微生物活动，提高土壤肥力。另外，中耕除草还能消灭病虫的中间寄主，灭杀部分地下害虫，起到促进植株根系发育。

病虫害综合控制

可食景观病虫害综合防治的原则是以园艺措施和物理防治为主要手段，以生物防治为核心，按照植物病虫害的发生规律，科学少量使用一些高效、低毒、低残留的化学农药，从而安全、合理、经济、有效地控制病虫害。防治措施主要有园艺措施、生物防治、物理防治和化学防治。

园艺措施

01 加强水肥管理，实行冬耕深翻

在果树生长期，根据各类果树物候期的需肥需水特点补给肥水。施用的有机肥应充分腐熟。在施用前，应将其中的病原菌和害虫彻底杀死，并避免害虫在施用后的有机肥上产卵。施用无机肥时，氮、磷、钾比例要合理，提倡配方施肥。浇水方式要适当，水分要适量，要选择晴天上午浇水，浇水后应及时放风排湿。

果树在冬季前深翻既可风化土壤、又可消灭部分越冬虫蛹，减少和破坏病虫繁殖和越冬场所。露地栽培花卉进行冬耕深翻，对消灭害虫有显著作用，特别是寒冷地区尤为突出。因为冬耕深翻能将潜伏在土壤中的幼虫、蛹、卵等大部分暴露在地表冻死或益鸟啄食，而且还可以进行人工捕杀。深耕可以将浅土中的病菌和残茬埋入深土层，使其丧失生命力。同时还可以将原来在较深土层中的病菌翻到地面而增加死亡率。

02 合理修剪，增强树势

果树类需要控制骨干枝数量，扩大角度，增加树冠内光照，保持通风透光。保证果树生长发育平衡，增强树势，促进果大，果形整齐。

花卉与蔬菜需剪除病芽、病枝、病根等，减少病原菌的数量，同时也可消灭在枝条或茎叶上越夏、越冬的虫卵、幼虫及成虫，减少虫源。

03 及时除草、及时清理

杂草丛生不仅与植物争夺养分，影响花卉及蔬菜的通光透光，使植株生长不良，而且杂草还是一些病菌和害虫繁殖的场所，也是一些病虫越冬的场所。所以，及时清除杂草，在防治病虫上有着重要意义。

对因腐烂、根腐等病害引起的果树病枝死树、死亡的嫩枝、刮下的粗皮、地面上残枝败叶、病果等，要及时清除，集中烧毁或深埋。

一二年生草本植物花卉开花后的残株及病害株，应立即拔除烧毁或深埋土中；宿根及木本植物花卉深秋枯萎或落叶后，应及时清除枯枝落叶。

04 选用高抗性良种，并注意不同植物种类的合理布置

在选用高抗性良种的基础上，按照花卉与蔬菜种类特点，合理布置安排，使所栽培的花卉与蔬菜分布有序，疏密适度，得到应有的空间和适当的阳光，并处于空气流畅的环境中，从而有利于花卉的生长发育，不利于病原物和害虫的发生。

05 合理轮作， 调节播种期

要尽可能避免与互染花卉连作使土壤中的病原物和害虫得不到合适的寄主， 从而降低病原物和害虫的数量。

许多病虫害的发生， 因受温度、 湿度以及其他环境条件的影响而有一定的发生期， 且在某一时期最为严重， 如提早或延期播种， 就可避开发生期， 减轻危害。 调整播种或移栽期， 对于一年发生一代、 食性单一、 发生整齐的害虫， 具有一定的防治效果。

生物防治

生物防治是利用有益生物防治有害生物， 充分利用昆虫天敌和其他有益生物制剂， 对病虫进行针对性防治。

01 天敌利用

通过保护和人工繁殖天敌， 增加自然界中天敌的数量， 提高对病虫的控制作用。 在有外来害虫发生时， 可考虑引进天敌进行防治。 按其取食害虫的方式分为捕食性天敌和寄生性天敌两大类。 捕食性天敌目前常用的主要有六斑月瓢虫 （图 3-17）、 七星瓢虫 （图 3-18） 等瓢虫类， 草蛉、 食蚜蝇、 食蚜虻、 蚂蚁、 步行虫等。 例如， 大草蛉可以防治蚜虫、 粉虱、叶蝉、 蓟马、 红蜘蛛、 蛾蝶类幼虫及卵等， 如大草蛉一生平均捕食棉蚜 2201 头。 寄生性天敌常被利用的有寄生蜂和寄生蝇。 例如， 松毛虫赤眼蜂可以防治松毛虫、 玉米螟、 定天蛾、地老虎、 樗蚕、 枯叶蛾、 卷叶蛾、 斜纹夜蛾、 食心虫等近 20 种害虫。

02 微生物农药利用

对有益微生物的利用主要是通过研制大量的生物农药， 包括以菌治菌与以菌治虫两种形式。

以菌治菌， 即利用微生物或其制剂来防治植物病害。 目前已在生产上应用的主要有链霉素防治细菌性软腐病、 柑橘溃疡病 ； 庆大霉素防治纹枯病、 白粉病、 黑星病 ； 井冈霉素防治立枯病 ； 青霉素防治细菌性溃疡、 枯萎病 ； 灰黄霉素防治花木腐烂病等均有良好的防治效果。

以细菌治虫， 是指利用害虫的致病细菌来感染害虫， 使害虫得病而死亡。 如利用白僵菌防治害虫， 因其可以寄生于鳞翅目、 膜翅目、 直翅目、 同翅目、 螨类等 200 多种害虫体内，故可利用它防治松毛虫、 玉米螟、 地老虎、 蛴螬、 菜青虫、 黏虫、 甘蓝夜蛾、 红蜘蛛、蓟马、 叶蝉等。 目前生产上应用较多又效果较好的主要是苏云金杆菌类和金龟子芽孢杆菌类。苏云金杆菌类防治鳞翅目幼虫效果良好。 可以有效地防治夜蛾、卷叶蛾、刺蛾、舟蛾、天蛾、巢蛾、 灯蛾、 螟蛾、 玉米螟、 菜青虫、 粘虫、 凤蝶、 松毛虫等。 特别是对老龄幼虫 (3 龄以上) 的防治效果比低龄幼虫为好，这一点恰好与化学药剂的作用相反。 此外对象甲、种蝇、叶蜂、 螨类等也有一定防治效果。 金龟子芽孢杆菌类对防治多种蛴螬有特效。 害虫吞食蘸有上述细菌的食料后， 菌体进到害虫肠道中繁殖， 并进入体腔引起败血症而死亡。

以病毒治虫， 现已发现 30 多种昆虫病毒， 其中核型多角体 20 余种， 利用核型多角体病毒制剂防治松毛虫、 桑毛虫、 斜纹夜蛾、 刺蛾等已取得一定成效。

图 3–17　六斑月瓢虫

图 3–18　七星瓢虫

物理防治

01　晒种

在播种前或浸种催芽前，选择晴天将植物种子晒 2 ～ 3 天，不仅可促进种子后熟，增强发芽势，提高发芽率， 还能利用阳光杀灭附在种子表面的病菌， 减少病害发生 （图 3-19）。

02　温汤浸种

是指利用热力钝化病菌活性的原理防病， 不仅可杀灭附在种子表面的病菌， 还可以杀死潜伏在种皮内部的病菌。 但要掌握好温度和处理时间。 温度过高和处理时间过长， 都会影响种子的活力。

先将种子在室温冷水中浸泡吸水 2 ～ 3 小时，而后将种子装在纱布袋或竹篓等易漏水的盛器中，放入 45℃左右的温水中预热 5 ～ 10 分钟， 将种子放到 50 ～ 55℃的水中， 持续搅拌烫种 5 ～ 30 分钟。 依照蔬菜种子类别不同分别掌握合适的处理时间， 如瓜类、 茄果类蔬菜的种子用 55℃温水浸种 10 ～ 15 分钟，豆科和十字花科蔬菜种子用 40 ～ 45℃温水浸种 10 ～ 15 分钟。到规定时间后立即取出， 投入室温冷水中， 边搅拌， 边冷却， 以免残余高温闷种时间过长而伤害种子， 影响发芽率。 处理过的种子， 可催芽或晾干后直接播种。

03　土壤消毒

如果有条件， 可采用热蒸汽处理土壤， 以杀死土壤的病菌、 线虫和害虫。 土壤热处理要在种植前处理， 而且受热的土壤应达到一定的深度， 一般 20cm 深土壤的温度以达到 75℃为宜。

04　害虫的机械防治和诱杀

机械除治，对有集群性、假死性的害虫以及集中化蛹、越冬、产卵的害虫，采用人工捕杀法；对有上下树转移习性的害虫可采用阻隔法。

趋性诱杀，利用害虫的趋光性、 趋化性特点，设置一定的诱源，集中杀灭害虫。 包含灯诱杀（图 3-20）、 食物诱杀、 潜所诱杀、 化学信息素诱杀等。

图 3–19　水稻播种前晒种

图 3–20　太阳能杀虫灯

化学防治

即药剂防治，具有防效好、见效快和使用方法简单等优点。但同时也会污染环境、造成药害，而且长期使用后病菌和害虫会产生抗药性。化学防治是可食景观病虫害综合防治的重要补充部分，但要注意科学使用农药。

01 对症下药

病虫等有害生物种类虽然多，但如果正确辨别和区分有害生物的种类，根据防治对象、农药性能以及抗药性程度不同而选择最合适的农药品种，同时选择合适的施药浓度和用量，选择适当的施药时间，选择合理的用药方法，就可以收到好的防治效果。

主要选择使用高效低毒、低残留的杀菌剂和杀虫剂。严禁使用“两高三致”（即高毒、高残留、致癌、致畸、致突变）的化学农药，限制使用全杀性、高抗性农药，严格控制使用激素药剂。讲求用药方法，提倡不同类型的农药交替使用、科学轮用、混用，避免病虫害产生抗性。

02 改进喷药方法

如用静电喷雾技术。该方法喷雾均匀，而且药液附着力强，杀死病虫害的效果明显，同时可以有效减少农药的使用量及使用次数。

03 进行种子播前消毒处理

以减少种子带菌。在蔬菜病害中，有 50%左右的病害种类可以经种子带菌传染。

04 合理利用植物生长调节剂与昆虫生长调节剂

植物生长调节剂可调节蔬菜植株的发育，促使蔬菜生长健壮，从而增强抗病力。昆虫生长调节剂如灭幼脲是一种几丁质合成酶的抑制剂，可阻断害虫的正常蜕皮而杀虫，对菜青虫、黏虫等害虫都有很好的防治效果。

居住区的可食景观

4

居家

这里的 “居家” 是指户门以内的所有空间。 对于别墅和农村住宅来说， 可以种植植物的主要空间是庭院 ; 但对于城市单元楼来说， 只有阳台、 窗台、 露台等 “三台”， 现在有的窗台做成了飘窗， 窗台面积大大增加。

客厅、 书房、 餐厅、 厨房， 即使是卧室、 卫生间， 只要能见到自然光的房间， 都可以种植、点缀蔬菜、 香料、 果树等可食植物， 即营造绿色居家乐活空间， 又随时带来新鲜的美味。 阳台往往被热爱园艺、 热爱生活的主人打造成家庭小菜园。 厨房除作为加工美食的地方， 随手可得的香草带来便捷的同时， 更增添了厨房的生机。 客厅则可以采用寓意吉祥的果树盆景进行装饰， 例如，苹果寓意 “平平安安”，石榴寓意 “多子多孙”，柑橘寓意 “吉祥如意”，佛手柑花香果美，生动有趣等 （图 4-1 ~图 4-10）。

一本描写意大利小镇生活的散文集曾经描述过这样一幅美丽的画面 ：“有间带窗户的厨房， 厨房的窗台上种着各种香草， 做饭的时候， 随手从上面揪几片下来入馔， 用的是纯天然的原料， 吃的是纯手工的心意……”

可食植物的加入为室内装点了绿色的同时， 带来更多的活力、 惬意和生活情趣 （图 4-11 ~ 图 4-13）。

图 4-1　盆栽香菜

图 4-2　盆栽辣椒

图 4-3　水培芹菜

图 4-4　水培胡萝卜

图 4-5　盆栽草莓

图 4-6　盆栽石榴

图 4-7　盆栽柑橘

图 4-8　盆栽番茄

图 4-9　组合蔬菜

图 4-10　悬挂草莓

图 4-11　创意蔬菜架

图 4-12　创意蔬菜种植

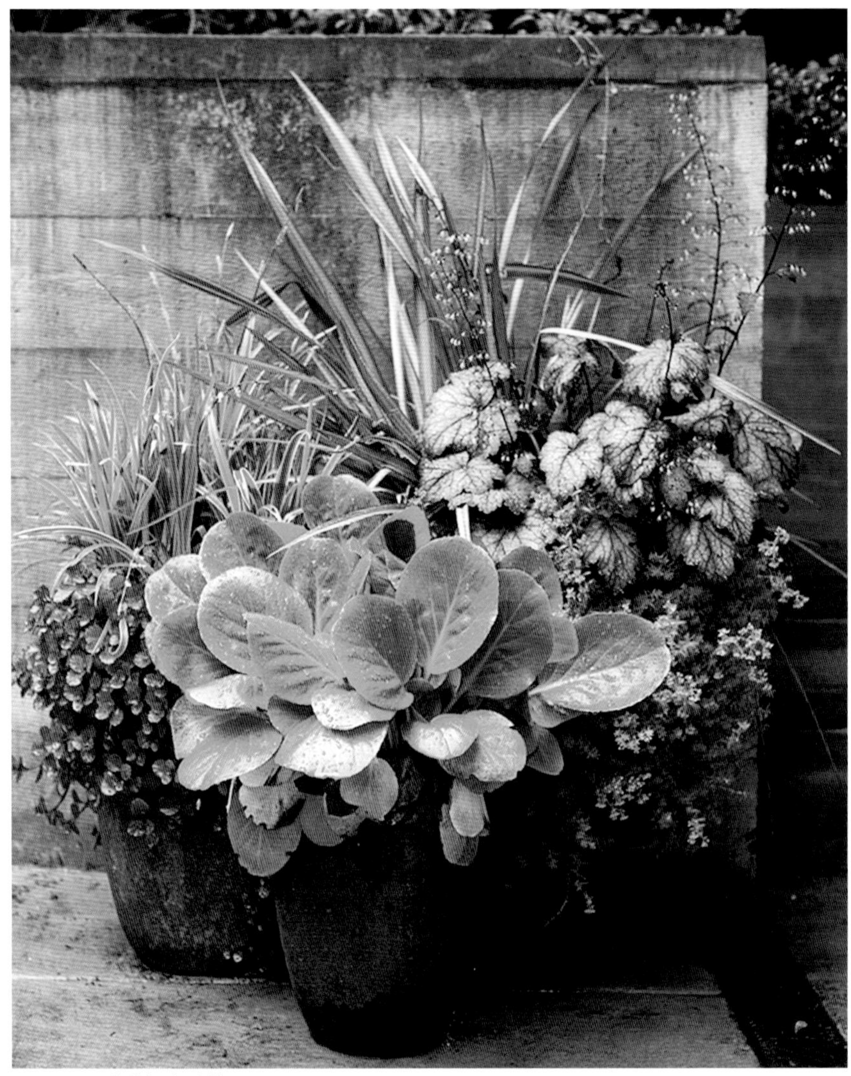

图4-13　蔬菜组合盆栽

居住区

庭院菜园固然可以任性，依主人的喜好种上各种蔬菜，在基本满足家庭安全蔬菜需求的同时，提供家人互动空间，收获劳动成果。若要营造庭院的格调，需得从风格和布局上考虑蔬菜与整个庭院的搭配。

您还可以将自己的庭院变成果园，春华秋实。许多果树本身就是观赏植物，如桃与桃花、梅与梅花、梨与梨花、樱桃与樱花、石榴与石榴花、苹果与海棠花，本身就是一个物种，或属于同属不同种。

当然，观赏蔬菜、观赏果树本来就是菜园、果园的组分之一，菊花、玫瑰、玉兰等许多鲜花也是可食的。您既可以营造单独的花园、菜园、果园，也可以任意两者组合，或三者组合。随心所欲，凸显个性（图4-14 ~图4-19）。

许多社区的禁令将“种菜”与“毁绿”等同看待。但是种菜的现象依然屡禁不止，这种现象从侧面反映出普通老百姓对可食景观的渴望！是该改变政策的时候了。居住区绿化景观不是必需整齐划一，自愿认养，五花八门、千姿百态，有什么不好？不仅节省了绿地养护费用，还满足了劳动愿望和特色食物。

图 4-14　豆角拱门

图 4-15　番茄、观赏花组合盆栽

图 4-16　甘蓝、大蒜、观赏花组合景观

图 4-17　庭院可食景观示例

图 4–18　蔬菜与花卉组合

图 4–19　观赏菜园

养老社区、康复医院

在养老社区、康复医院等公共空间中，可食景观主要应用于园艺疗法（Horticultural Therapy）是一种辅助性的治疗方法，借由实际接触和运用园艺材料，维护美化植物或盆栽和庭园，接触自然环境而纾解压力与复健心灵。人们可以在舒适的环境下进行简单运动，享受劳作过程、享受劳动成果，轻松谈话，减轻压力、减轻疼痛以及改善情绪。

埃尔姆赫斯纪念医院（Elmhurst Memorial Healthcare）位于伊利诺伊州东北部城市埃尔姆赫斯特，这家医院从去年开始给康复病人提供“园艺疗法”。园艺活动将水培种植（无土栽培）等被列入治疗计划中，每周为病人提供两次这样的活动。

位于加州纳帕谷的纳帕谷医院（Napa Valley Hospice）为体弱者病人和老年患者提供每周一次的“园艺疗法”。这些病人能够在医院户外进行种植、除草、修剪花草等活动（图4-20、图4-21）。据该医院的治疗方案协调员安妮·麦克明（Anne McMinn）介绍，这些活动不仅能够增强病人的身体力量和精力，也能够唤起记忆力，因为记忆在像花园这种“非威胁”性的地方更容易产生。

图 4-20　园艺疗养活动（一）

图 4-21　园艺疗养活动（二）

5 城市公共空间的可食景观

城镇绿地

政府机关、 办公机构、 企事业单位、 学校、 医院等附属园区， 常常要求较高品质的设计， 从而营造与园区相协调的景观。 由于服务人群的相对固定性、 高品质以及对生活品质的高要求， 使得园区内的景观有相对更好的完整性， 同时也对可食景观的应用提出更高的要求。

01 英国 Todmorden 蔬菜小镇

英国有一个名为 Todmorden 的神奇小镇， 之前也只是一个普通的小镇， 多是规划整齐的房子， 没有什么特色。 有位名为 Pam 的当地大妈， 发起了名为 Incredible Edible （不可思

图 5–1　英国 Todmorden 蔬菜小镇

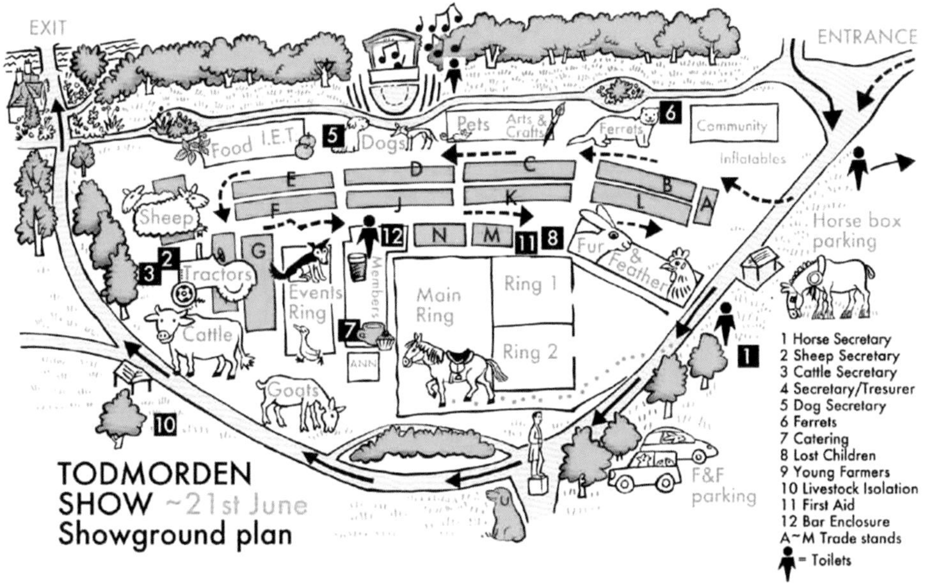

图 5–2　英国 Todmorden 蔬菜小镇规划图

议的食物）的公益活动，然后，小镇就变成了这个样子：商街、绿地、公园、道路两旁、居民家的前庭后院、交通岛、甚至警察局门口、墓地……到处种植着水果、蔬菜、粮食作物、草药等（图 5-1、图 5-2）。Pam 说，“现在的人们沉浸在网络和手机的世界里，他们愿意花大把时间大把流量关心网友，却从不关心自己身边的社区。”能否找到一种方式，可以让人们愿意从虚拟圈子走出来，去用另一种眼光看待和关心所生活的社区？于是，她组织成立了 Incredible Edible 项目。

Incredible Edible 公益项目为孩子提供了体会绿色生命的机会，为小镇提供了有机纯天然的蔬果，增进了邻里之间的距离，同时，因为这个活动，Todmorden 小镇声明远扬，吸引了不少远道而来的“蔬菜游客”。为此，Pam 和她的伙伴们一起设计了“蔬菜旅游路线和攻略”。可食景观的应用为小镇带来了绿色和活力，目前英国已有 30 多个小镇在进行这个项目，而在美国、日本、澳大利亚、新西兰等国家，也建立了类似的蔬菜小镇。

02 沈阳建筑大学校园绿地

沈阳建筑大学景观规划中就以“育米如育人”的巧思妙想作为设计的生态理念，运用大量水稻作为景观设计的主要元素，对“园林结合生产”进行全新阐释，成为“可食景观”理念在实际环境空间中应用的一个极好案例。新校区中约 1 万多 m^2 的稻田，由学校师生共同播种、管护、收割，体验劳动的艰辛与收获的快乐。既把景观空间赋予了生产功能，又运用比例、色彩、空间形式表达了美和诗意（图 5-3）。稻田景观成为沈阳建筑大学历届毕业生终生难忘的风景。同时，其产出的“建大金米”也成为极富校园文化内涵和人文情怀的珍贵礼物。为中国可食景观的发展起到积极的促进作用。

图 5-3　沈阳建筑大学的美丽稻田景观

03 美国密歇根州底特律的 Lafayette Greens

Lafayette Greens 食材花园及公园属底特律市首屈一指的软件企业康博 （Compuware） 所有。 占地 $3035m^2$， 这个都市农业景观花园荣获 2012 年美国景观建筑师学会荣誉奖。

客户希望这个花园包含木床， 树皮路， 儿童的游乐空间。 设计经过层层发展， 最后演变成为一个使用可持续性材料， 具有儿童教育意义的都市农业园区。 景观设计师考虑美学、 环境、生产力、 经济等各种问题， 让这片都市农业园成功的融入复杂的城市， 成为一个公共的绿色社会空间， 同时也是一个多功能的社区花园。

经过日常研究， 在行人穿越路径设置了高出地面的植物种植槽摆放。 这里共布置有超过 200 种的蔬菜水果以及草药和鲜花， 提供了许多休息座位， 鼓励公众使用这片空间 （图 5-4）。在繁华的城市环境中使用了平气凝神的薰衣草。 强烈的几何平面从大楼高处俯瞰也非常漂亮（图 5-5）。 几何却有机， 自然， 充满生命的力与美。

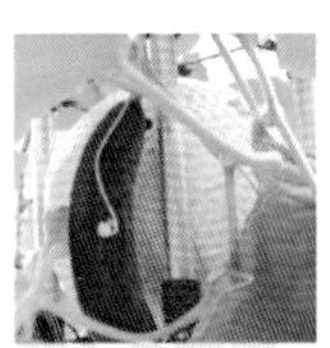

图 5-4 Lafayette Greens 食材花园

图 5–5　Lafayette Greens 食材花园鸟瞰图

城市公园

01　上海世纪公园 “可食地景”

蔬菜瓜果 + 花卉园林 = 可食地景

基于四季常绿、 三季有花的原则， 一次性建成高大密厚、 少病虫害的植物， 公园里、 道路两旁被固定品种长期占领。 都市 “绿洲” 还可怎样营造？若是在悦心神、 美环境、 保生态的基底上再增加一些趣味性， 也未尝不可。 “蔬菜瓜果替代传统的园林花卉植物， 成为造景的主角。” 这是同济大学建筑学系教师刘悦来的田园实践， 并在上海世纪公园 1000m^2 的 “蔬菜花园” 付诸行动。

“这个是包心菜， 那个是苋菜， 我爷爷家种过， 没想到在公园里也有这么好看的菜园子。” 一个小姑娘在向同伴炫耀。

“很独特， 也很有想法， 以后可以经常带孩子们来认认蔬菜， 现在的娃儿好多都不知道菜是咋长出来的。” 花白胡子的老爷爷参观时有感而发。

当植物变成可以食用的 “景观”， 再加上墙体、 篱笆、 种植槽的精心雕琢， 一种奇妙的感觉诞生了，似曾相识却略有不同。 它是花园还是菜园？都是，又都不是。 不是简单的种地，而是通过设计， 让园林富有美感和生态价值。 “人类驯化植物， 起初是为了得到食物， 后来才渐渐分化出适合人们观赏的物种， 并大量使用于现代城市园林绿化之中。” 因此， 可食景观被视为对返璞归真的 “致敬”， 在遵从科学的共生原理和生长周期的前提下， 根据颜色搭配、 叶子渐变状态、 菜苗密度等特点， 合理播种菜蔬类、 香草类等植物。

每季度会结合不同主题做精心布置， 春夏两季将生长 50 多种植物， 正是花团锦簇的好时节，即便在萧瑟的冬季， 也会有 30 多种植物竞相展示生命力。

以春季为例， 大地回春、 万物复苏， 麦冬等耐寒性强的宿根植物将勾勒出脉络和骨架， 艳绿色的薄荷与浅绿色的苦苣如细狭的飘带蜿蜒贯穿。 位于中心区域的螺旋花园旁， 吐露出青嫩芽叶的茄子、 番茄、 洋甘菊将 “相敬如宾”， 它们之间会产生不可思议的抗病虫害作用。 东侧会有淡粉色的树莓和栀子、 大红色的辣椒点缀其中， 北面的法国薰衣草散发淡蓝色的光彩。 为了平衡水果玉米的突兀身材， 颀长的五彩番茄做了它的邻居。 届时， 从门口望过去， 将呈现颜色浓淡相宜、 高低错落、 疏密得当的景致。 园内还留出一处育苗区， 便于及时更换品种，使可食景观一直保持 “你退我进” 的变化状态， 清理下来的蔬菜又可当做绿肥使用 （图 5-6）。

城市可以是 “美味” 的。 民间有 “白菜开花似牡丹” 的说法， 蔬菜之美从未被埋没过。 与其说可食景观是新鲜事物， 不如说它让植物真正成为艺术品， 营造出晴耕雨读的惬意， 使城市绿化不仅养眼， 还能养胃。 与此同时， 可食景观倡导一种精细化的城市园林管理方式。 根据 “植物日记” 所述， 春季 4 月呈现出最佳状态， 主要工作为定期浇灌、 施有机肥；夏季蔬菜疯长、 蜂蝶飞舞， 令人心旷神怡、 怡然自得， 雨季来临易导致病虫害增加，需要提高警惕；秋季是分享和趣味最强的季节， 可以展开丰富的采摘类科普活动， 植物的观赏性还取决于补种速度；冬季几乎全部替换为可露天越冬的蔬菜品种， 病虫害较少， 只需定期除草、 施肥、 灌溉。 这些工作对本就熟悉有机蔬菜种植的园丁而言并非难事， 无需额外投入人力物力。 在世纪公园绿化部经理曹利明看来， 可食景观是一项极具参与性和可操作性的项目， 丝毫不逊色于一般的装饰花园。 简单易学的种植技术让每一位游客都可轻松参与到花园的建设之中， 分享劳动创造的果实。 自去年下半年以来， “蔬菜花园” 针对不同的节日主题， 开展了科普蔬菜知识、 讲解传统文化、 亲子采摘、 绘画写生等十多场活动， 积累了不少人气 （图 5-7）。

图 5–6 “蔬菜花园”颜色搭配

图 5–7 “蔬菜花园”采摘活动

02 巴黎博杰斯塞纳河岸

巴黎市区的塞纳河畔， 是一个干净、 绿色、 环保的空间。 一个被称作博杰斯塞纳的新的左岸长廊 （塞纳河岸） 对公众开放后， 迅速引来大批爱好自然的游人、 自行车爱好者和城市居民。 河岸花园延绵 2780m， 其中包括可食用花园、 浮动花园， 本地植物造景、 娱乐休闲场所和成人儿童游玩放松的区域。

花园最大的卖点在于占地 1800m^2 的 “浮动花园”，它由 5 个独立的岛屿组成，被桥梁连接彼此。这些人工群岛上被精心设计种植了大量的可食植物、湿生植物和观赏草类。在 400m^2 的市政厅花园中也种满了本土植物，包括灌木、草、葡萄藤和柳树等（图 5-8 ~ 图 5-19）。

图 5–8　巴黎博杰斯塞纳河岸“浮动花园”（一）

图 5–9　巴黎博杰斯塞纳河岸“浮动花园”（二）

图 5-10　巴黎博杰斯塞纳河岸花园（一）

图 5-11　巴黎博杰斯塞纳河岸花园（二）

图 5-12　巴黎博杰斯塞纳河岸花园（三）

图 5-13　巴黎博杰斯塞纳河岸花园（四）

图 5-14　巴黎博杰斯塞纳河岸花园（五）

图 5–15　巴黎博杰斯塞纳河岸花园（六）

图 5–16　巴黎博杰斯塞纳河岸花园（七）

图 5–17　巴黎博杰斯塞纳河岸花园（八）

图 5-18　巴黎博杰斯塞纳河岸花园 (九)

图 5-19　巴黎博杰斯塞纳河岸花园 (十)

植物园

亚特兰大植物园 Atlanta Botanical Garden 蔬果园

在这里工作人员培育了许多自家种植的食物。 一座奇妙的垂直生态墙和一些菜圃， 这座花园一年四季都在向人展示着多样的可食植物。 果园中收获的植物将被送到 “户外厨房” 的烹饪间内，而当地的大厨将会尽情施展自己的才能， 通过这样的方式来促进可持续食物的发展。

这座植物园还有一片圆形的种植区， 以及一块小池塘和一些抬升的种植床。 在一排排农作物的后面是一座大型的厨房展厅。 这座厨房从种植、 装罐、 贮存到准备食物等各方面的设施都非常完善。

从 5 月份一直到 10 月份， 各地的厨房专程在周日赶到此地展示厨艺， 同时他们也会兴致勃勃地与大家分享食谱。 而没有被烹饪或展示的食物将被捐给当地的慈善机构 （图 5-20、 图 5-21）。

图 5-20　亚特兰大植物园垂直式可食景观（一）

图 5-21　亚特兰大植物园垂直式可食景观（二）

博览会

世界园艺博览会

由国际园艺花卉行业组织——国际园艺生产者协会 （AIPH） 批准举办的国际性园艺展会。

世界园艺博览会是最高级别的专业性国际博览会， 汇集世界各国园林园艺精品和奇花异草。 纵观国内历届世界园艺博览会， 农业景观在其中占有重要地位， 并进行了符合当地特色与时代需求的创新尝试体例。

“1999 年昆明园艺博览会” 设有蔬菜瓜果园和药草园 （图 5-22）。

“2006 年中国沈阳世界园艺博览会” 设有观果园和药草园。

“2010 年台北国际花卉博览会” 花博还与 “农委会” 合作在展区设置果树园区， 不但架起瓜棚种植丝瓜等瓜类蔬果， 因花博难得在热带气候的区域举办， 每个月轮流种植各式热带果树。

“2011 西安世界园艺博览会” “长安园” 中设有药草文化展示区和牡丹芍药展示区。

“2014 年青岛世界园艺博览会” 以 “芳茗四溢、 茶道远播” 为主题营造静谧自然、 芳香四溢的茶香园；以 “回归田园， 体味农艺” 为主题， 以现代农业生产活动为主要脉络， 通过春夏秋冬不同情境的演绎， 主要对山东和青岛本土农作物及文化等进行展示， 将人们带入农耕生活中， 体味田间野趣、 回味农耕时代， 在青山碧水间， 在飘香果林下， 在五彩耕田中体验纯朴、 纯粹和豁达。

2016 年 “中国唐山世界园艺博览会” 设立有 “垂直农场” ， 主要展示现代农业。

2019 年北京世界园艺博览会， 其主题为 “绿色生活， 美丽家园” 。

2015 米兰世界博览会会标

图 5-22　1999 年昆明园艺博览会蔬菜瓜果园景观

商业综合体

都市与农庄本来是反义词，二者合为一体就是为了彰显差异。都市农庄可以出现在城市的任何地段，但肯定是越靠市中心，越都市化，也越有特色。上海 K11 购物艺术中心的都市农庄可能是最都市化的。

上海 K11 购物艺术中心为城市生活缔造崭新空间，唤醒公众对大自然的关注，使人与自然和谐共存。K11 在每个细节注入科技和低碳环保理念，为公众创建隔离都市喧嚣、与大自然亲密对话的空间（图 5-23）。

K11 的都市农庄位于商场 3 楼，近 $300m^2$ 的室内生态互动体验种植区，采用多种高科技种植技术在室内模拟蔬菜的自然生长环境，突破了室内环境的局限，让大众零距离接近自然，体验种植的乐趣（图 5-24）。为突破室内环境对光照、温度、湿度、空气流通性的限制，采用无土栽培技术、自动灌溉、LED 植物补光灯等，改变了传统室外种植方式，在室内模拟蔬菜的室外生长环境，让人与自然更亲密的接触。农庄种植区分为植物观赏区、无土栽培区、种子互动区三个模块，每个模块都会根据季节变化种植不同植物（图 5-25、图 5-26）。

都市农庄内除了植物观赏以外，每周末还会举办丰富多彩的互动种植活动，为前来都市农庄的顾客带来全方位亲近自然的新体验。

图 5-23　上海 K11 购物艺术中心品牌标志

图 5-24　上海 K11 都市农庄吧台可食景观

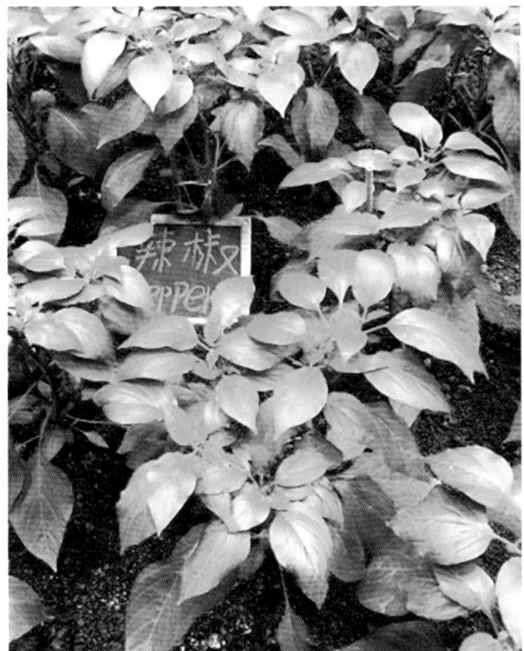

图 5-25　上海 K11 都市农庄辣椒种植

图 5-26　上海 K11 都市农庄茄子豆角种植

屋顶花园

随着城市建设的增长，越来越多的人意识到城市下垫面硬质化会导致城市热岛效应严重、大气浮尘加剧，居住环境恶化，能源消耗加剧，随之出现了垂直绿化和屋顶花园。近年来，在屋顶花园和垂直绿化的发展中出现了以食用植物为主要元素的新形式。可食用屋顶景观强调了屋顶花园的互动性，在有限的土地上实现了集约化生产，是构建绿色都市田园生活的有效方式之一。

美国盖瑞康莫尔青年中心 Gary Comer Youth Center 屋顶花园

盖瑞康莫尔青年中心位于在芝加哥南部，是为青少年和老年人建设的课外学习中心，因为他们在附近几乎不能获得安全的户外环境。它的屋顶花园面积 758m^2，现在正成为一种模式，用超传统的空间，提供城市农业，极其出色的平衡了观赏需求和实际需要。该模式获得过奖项，其点睛之笔在于花园整体上拥有自己的风格。

仅在 2009 年，该场所就生产了 454kg 有机农作物，供学生、本地餐馆和该中心的咖啡厅使用。场所设计造型优美并且图案鲜明，将一个典型的劳作菜园变成一个美丽动人并可稍作歇息的地方。

景观设计师与建筑师密切合作，设计了一个有花卉和蔬菜的屋顶花园，并建议中心聘请全职花园经理，以加强教育计划的发展和花园的维护管理。结果很成功，无论整体还是局域，能创造性地使用这个花园并进行食物生产。

花园不仅可以减少气候变化引起的控制成本，还能提供户外课堂，同时也可以承受孩子们的热情，孩子们在上面用园艺工具去挖掘土豆和胡萝卜。48 ~ 61cm 深度的土壤为食物生产提供了可行性，包括白菜、向日葵、胡萝卜、生菜和草莓。地面与屋顶温度的明显差异，意味着屋顶是不同于地面的另一种气候，并且可以在整个冬天使用（图 5-27~ 图 5-29）。

图 5–27　美国盖瑞康莫尔青年中心（Gary Comer Youth Center）屋顶花园

图 5–28　盖瑞康莫尔青年中心屋顶花园的教育活动

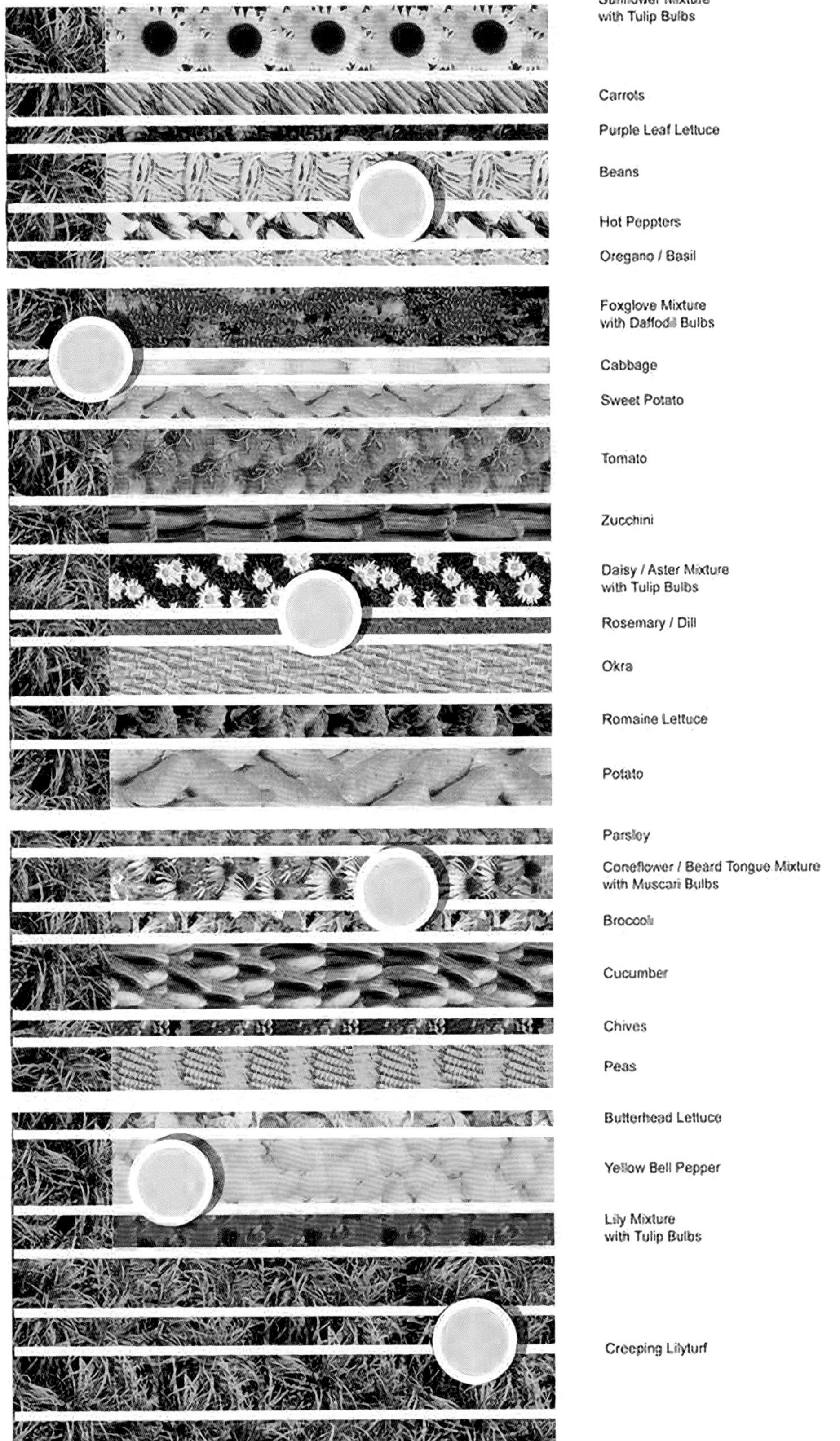
Sunflower Mixture
with Tulip Bulbs
Carrots
Purple Leaf Lettuce
Beans
Hot Peppters
Oregano / Basil
Foxglove Mixture
with Daffodil Bulbs
Cabbage
Sweet Potato
Tomato
Zucchini
Daisy / Aster Mixture
with Tulip Bulbs
Rosemary / Dill
Okra
Romaine Lettuce
Potato
Parsley
Coneflower / Beard Tongue Mixture
with Muscari Bulbs
Broccoli
Cucumber
Chives
Peas
Butterhead Lettuce
Yellow Bell Pepper
Lily Mixture
with Tulip Bulbs
Creeping Lilyturf

图 5-29 盖瑞康莫尔青年中心屋顶花园种植平面图

绿色办公

日本东京保圣那（PASONA）公司总部大楼

办公楼、写字楼其实与居家一样，也可以进行绿色装饰。日本东京保圣那 PASONA 公司总部大楼为我们展示了办公环境的另一种可能。番茄缠绕着会议桌，花椰菜长在前台，柠檬树被作为隔断，沙拉菜叶长在会议室，豆芽长在长椅下——这是日本从事人力派遣业务的保圣那公司的日常办公场景。

2010 年，纽约 Kono Designs 设计公司在东京为保圣那公司建造了这幢九层的都市农场，让保圣那员工在工作中种植并收获自己的食物。设计师最初拿到的任务是翻修一幢 50 年的楼，包括办公区域、礼堂、自助餐厅、屋顶花园，还要配备都市农场设施。建成之后，在这幢 19974m^2 的办公楼内，有 3995m^2 被超过 200 种植物、水果、蔬菜或水稻所装点、覆盖。所有的食物收成之后都会送到员工自助餐厅供给日常食用，这使得保圣那都市农场成为东京地区最大的农场直达餐桌（farm-to-table）办公项目。

大楼有双层绿化立面，鲜花和橘子树种在小阳台里。这些植物部分依赖外部自然条件和气候生长，创造了一个生机勃勃的动态立面。尽管这会减损商业写字楼的可用面积，但保圣那公司认为都市农场和绿色空间带给公众和员工的效益足以弥补这些损失（图 5-30）。垂直种植是一种集约化利用时间、空间的形式，同时能够展示出立体的绿色之美，实现高效、节能、环保的空间美。蔬菜、谷物、菌类、瓜果等均能实现垂直种植。

图 5-30　PASONA 公司总部大楼办公环境组图

生态餐厅

这里说的可食景观的生态餐厅与传统意义上的展览温室形式相同， 但种植的植物应该以食用植物为主， 能满足餐厅的部分需求。 人们在就餐时， 既可以在精神上感受景观美， 又可以品赏美味、 绿色、 新鲜的食物。 生态餐厅的蓬勃发展见证了可食植物由餐桌到装饰的历程， 在这些餐厅里， 触手可及的新鲜有机食材， 琳琅满目的绿色， 更增添了就餐格调。

01 荷兰阿姆斯特丹 Restaurant De Kas 餐厅

位于阿姆斯特丹郊外的 Restaurant De Kas 餐厅是荷兰最绿色的餐厅 （图 5-31）。 2001 年餐厅创始人 Gert Jan Hageman 买下原有温室后， 聘请 Piet Boom 重建， 使它成为了阿姆斯特丹郊区最火的温室餐厅 （图 5-32）。

Restaurant De Kas 生态餐厅室内外都是绿色， 可容纳 140 人同时就餐。 其食材温室和室外菜园为餐厅提供最新鲜美味的果蔬，同时为餐后提供休憩游走的花园 （图 5-33）。 每日清晨，厨师们会从这里采摘最新鲜的食材， 最大限度为客人奉上原汁原味的美味菜式。

对于前来就餐的顾客而言， 享鲜食、 观美景已是一大乐事 ； 若是餐后能休憩在芬芳香草园或游走在嫩绿农作物间更会让他们感到舒适与安逸。 如今， 生态餐厅的种种优势已积攒了好的口碑， 使其成为地方上的必访景点， 成功地吸引了许多国外观光客。

02 丹麦哥本哈根 Stedsans 餐厅

Stedsans 餐厅位于丹麦哥本哈根， 是一座建于屋顶的花园餐厅， 是一块能接近天空、 绿地、大自然的餐厅， 餐厅的前身是个社区农场， 为附近人群提供每日所需新鲜蔬菜、 鸡蛋、 鸡肉等。 2015 年夏天，餐厅开业后，全世界各地闻风而来的美食家，让他们的小餐厅天天爆满。餐厅内就餐场所是由简单的温室大棚稍作整理， 最为吸引人群的是看得见的新鲜以及由蔬菜打造的都市时尚屋顶 （图 5-34~ 图 5-36）。

图 5-31 Restaurant De Kas 生态餐厅就餐空间

图 5-32　Restaurant De Kas 生态餐厅食材温室

图 5-33　Restaurant De Kas 生态餐厅室外菜园

图 5-34　丹麦哥本哈根 Stedsans 餐厅

图 5-35　Stedsans 餐厅清晨

图 5-36　Stedsans 餐厅夜景

6 都市农业

休闲农庄、观光农业

都市农业，一般是处于大都市中，或郊区周边，或都市经济圈范围之内，为适应现代城市发展而形成的一种都市型、现代化农业形式，将城市与农业有机融合。它通过充分利用城市周边的生态环境、生物资源和自然景观，结合传统的农业、林业生产经营活动，为身处市井的城市居民提供体验农业、了解农村生活及其文化、购买农副产品、体验农村生活的最佳场所。

都市农业发展的任何安排，首先始终需要满足城市发展的基本要求，再结合城市的主要特点，适应城市的发展方向。也就是说，城市需要决定着都市农业的发展方向，而城市需要的满足又必须依赖农业发展，这就体现出现代城市与都市农业之间相互依存并相互促进的密切关系，以及将都市农业与城市建设有意识结合的重要意义。

近年来，随着绿色环保概念的深入、小长假的增多，越来越多的城市人群选择城市近郊乡村游，体验质朴本真的乡村景致和田园民俗。于是各类的休闲农庄、观赏农业园等项目应运而生，不经意之间，可食景观已经构成了乡村观光休闲中举足轻重的内容（图 6-1）。

无论是休闲农庄还是观光农业，都是以农业资源和农产品为前提的旅游产业，更是都市

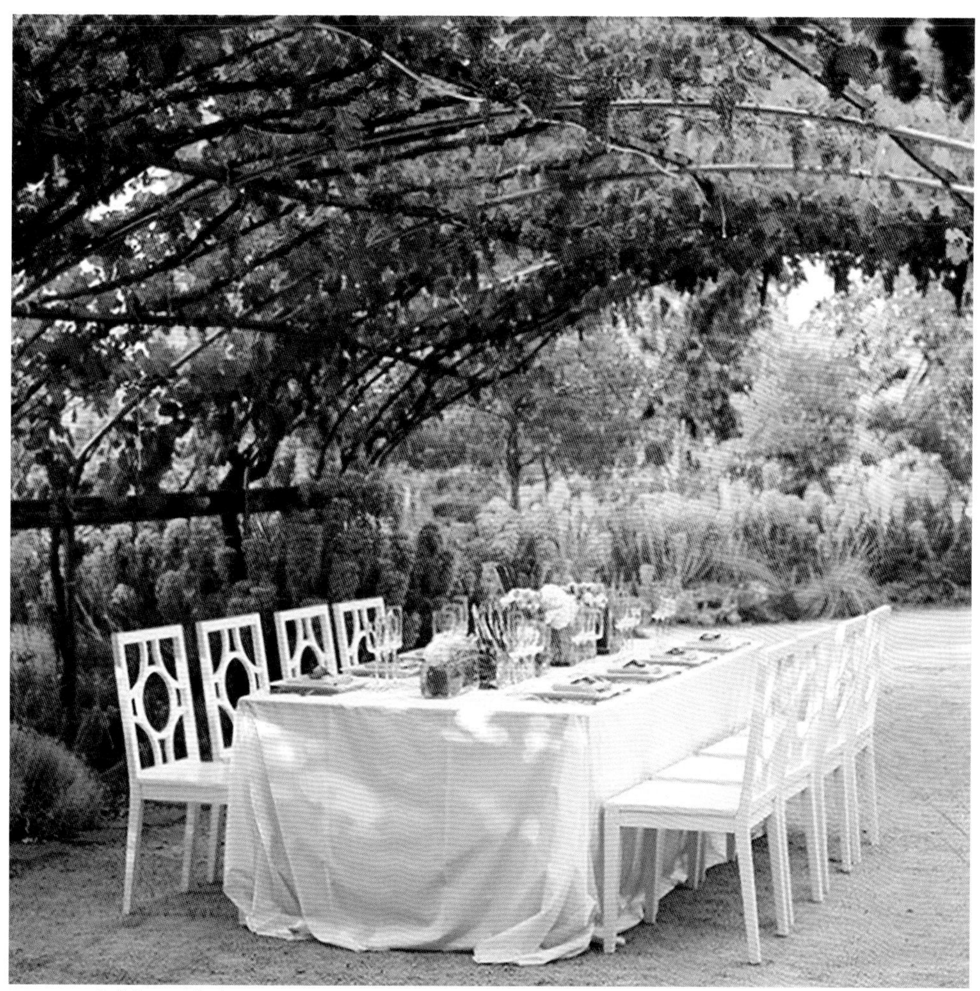

图 6–1　葡萄架下的餐桌

农业的新型业态。园区内特色可食景观的打造无疑是打造精品农业、提升庄园品质的重要途径。

01 台湾南投县清境农场

清境农场位于南投县仁爱乡，面积约有 760hm^2。坐拥在群山之间，视野广阔，可欣赏奇莱山日出的奇景，远眺合欢山积雪，山岚云雾缥缈，夕阳晚霞的缤纷万变，夜晚仰望灿烂的银河星空，年平均温度约 16℃，早晚温差 2 ~ 5℃，因此有“雾上桃源”的美称。

农场出产高山蔬果、花卉、茶叶及畜牧养殖等，主要农产品以水蜜桃、苹果、梨、加州李为主。

图 6-2　台湾清境农场（一）

农场内的“高冷蔬果区”分为温带水果区和高冷蔬菜区，分别种植加州李、水蜜桃、水梨、苹果、奇异果等香甜水果以及高丽菜、菠菜、豌豆苗、大白菜、翠玉白菜等新鲜蔬菜，民众可吃到最新鲜的蔬果！“高山花卉区”种植各种百合、郁金香、海芋、其他温带花卉等产值相当高的植物（图 6-2）。

02 台湾花莲县富里乡

据《联合报》报道，冬季农夫在稻田收割后，以稻秆雕塑稻草人、可爱动物等景观，撒下景观绿肥种子，吸引游客赏花自拍。富里乡农会除运用观赏花卉外，更加入萝卜及彩色莴苣营造可食地景，搭配有机风味餐，要让游客欣赏美景，也体验花莲特有的有机乐活。

富里乡农夫休耕时在农地种花卉，将大地变成画布（图 6-3）。“农委会”花莲区农业改良场指出，为拉近产地与餐桌距离，让游客循着食材品尝当地食材鲜味、享受农事活动乐趣，辅导罗山有机村及邻近村庄，扩大经营规模，形成丰富、有机、乐活部落，并推出多样化的有机食农体验，以当地食材开发地方特色料理与农村生活旅游体验（图 6-4）。

03 台湾嘉义县阿里山高山茶园

著名的阿里山高山茶园位于我国台湾嘉义市东 75km 处。种植面积约 2500hm^2，这里不仅是高山茶最适宜的生产区域，也是理想的旅游、避暑胜地，更是实践可食景观的最佳范例（图 6-5）。

以上案例，均以保护生态环境为前提，大量运用了可食用植物的景观化种植养护手法，在都市农业的建设与经营过程中，不断融入个性化的创意，从而形成了闻名世界的独特的风格和追求。

图 6–3　台湾花莲富里乡花卉“大画布”

图 6-4　游客一起做大鼎锅巴饭

图 6-5　台湾嘉义阿里山高山茶园景观

可食景观的展望

可食景观是食品安全的重要保障

随着食品安全问题越来越引起城市居民的关注，能够自产食品并保证生产源头无污染的可食景观逐渐成为了城市食品安全的一个重要保障，适度且合理的可食景观可在一定程度上为城市居民排除食品安全的隐患（图 7-1）。

图 7–1　宜兰社区

随着我国经济高速发展、人民物质生活水平不断提高，人们对食品安全的要求也日益增强。但越是在对城市发展速度和水平都极度追求的时代，食品安全危机往往也越严重。从食品原料的生产，到收获后的加工，再到加工后的销售，都可能存在影响食品安全的因素。

造成食品安全出现问题的原因与自然、经济和社会这三重因素都有密切联系。首先，食品在农业生产过程中所使用的水源、土壤以及大气等自然环境质量就会直接影响食品生产过程的安全性。其次，在食物收获后进行的再生产、加工和销售的环节中，各种人为因素同样也影响着食品质量与后期人们食用的安全。其中，食物在最初农业生产过程中受到的有害影响无疑是食品安全问题的首要原因（图 7-2）。

虽然人们对于入口食物安全性的担忧在世界各国普遍存在，但由于各国面临的食品安全问题及其特点各不相同，对于问题出现的原因和解决方式的探索，暂且只能根据不同国家的社会发展阶段与食品生产环境及其体系的具体情况确定。

近些年，我国的食品安全问题主要反映在问题食品涉及面逐渐变广、危害程度逐渐加深、人为现象逐渐增多等方面。从过去的粮油肉禽蛋菜等传统主副食品，到现今的酒类、果蔬类、干货类及奶制品；从过去明显的食品外部卫生危害，到现今隐含的食品内部安全危害；从过去无污染无公害的纯天然食物， 到如今因环境污染而渗入食物内部的化学药物残留， 这些安全问题都危害到人们的健康。

导致食品安全产生问题的原因众多， 食物在前期的种植与收获、 中期的生产与加工、后期的销售与管理等不同方面， 均有可能影响人们食用之后的身体健康。 因此， 从食物生产源头减少安全隐患， 此时就显得更为重要， 可食景观恰好能在食品安全的源头起到有益的作用。 从食品安全的角度考虑， 良好的可食景观规划可以在人们进行可食植物种植的过程中，即食物产出的第一步便避免污染的隐患。 它对城市安全的贡献可集中体现在城市整体安全性能的加强与食品质量的改善两个密切相关的方面。 从城市整体这一层面来看， 可食景观的出现及其合理的规划设计， 势必会为城市打造出更具特色的园林景观， 加强城市景观的实用功能。 无论是景观本身的生态绿化， 还是景观植物的可食， 都会促使城市最终发挥出防灾避险功效， 为城市生活创造一个安全、 舒适的环境氛围。

图 7-2　采摘无污染的新鲜草莓

可食景观是园艺疗法的有效载体

对于物质生活需求已基本被满足的城市居民而言， 自身精神状态的改善与健康生活愿望的实现也成为他们想要达成的目标。 此时， 可有效改善人们精神生活的可食景观， 就自然而然被广泛应用在城市景观建设中。 园艺疗法是一种具有特殊目的的园林景观营造方式， 对现代景观行业的发展与人们身心健康的改善都有显著的推动作用。 利用可食景观， 开展园艺疗法， 是健康生活的有效载体。

园艺疗法， 顾名思义就是让人们接触花、 果、 蔬菜和香草等园艺植物， 参与园艺活动，利用植物与人类之间的亲密关系， 帮助人们在园艺活动中缓解自己的精神压力， 改善健康状态， 获得治疗与复健， 从生理、 心理、 认知、 社交或职业技能等多方面最终获益的一个完整的园艺参与过程。 它早已不局限在 “治疗” 这样一个单一的目标上 ； 强调的是人们参与园艺活动， 使自身恢复良好状态， 完成与大自然 “对话和交流” 的深层意义。

其实，园艺疗法由来已久，它的形成是在遥远的古埃及时代，那时的人们就开始通过园艺活动来达到治疗病人的目的了。当时的医生曾让情绪波动较大的病人在绿色植物遍布的地方进行散步或活动，以此来稳定他们的情绪。第二次世界大战之后，随着人们对这种非传统医学治疗方式的接受，越来越多的美国人也对这种“绿色”的治疗手段产生了浓厚兴趣，他们尝试将园艺疗法引入到战后伤员的康复和职业培训中，为园艺疗法增加了新的内涵。而欧洲以及美国、日本等国家的大学，特意开设的园艺疗法培训课则标志着园艺疗法的相关研究与应用进入了全新时期（图 7-3）。

园艺治疗师这一职业最先出现在中国台湾与香港，这些地区对园艺疗法的探索相对较早，对于我国园艺疗法事业的兴起与发展均有明显的促进作用，为园艺疗法在国内各城市中的普及做出很大贡献。随着对园艺疗法研究的不断深入，人们对于这种新兴的自然治愈方法也有了更多了解。对自然环境的有力改善、对社会消极现象的有效缓解等均展示出园艺疗法的特殊功效。

图 7–3　园艺疗法相关课程的开展

园艺疗法的主要特点体现在自然性、经济性和时间性三个方面。自然性表现得最为显著。因为与一般的物理疗法和化学疗法不同，它是一种纯粹的自然疗法，主要依靠自然界种类丰富的园艺植物，或者围绕这些植物展开的活动来促进和恢复人体健康。无论是通过除草、种植和采摘等一些可实际操作的园艺活动，帮助病人减轻疼痛和压力、刺激感官、强化机体，对身体产生主动疗效；还是通过选择与利用治疗性的、具有保健作用的植物等一些间接影响病人直观感受的植物景观，对病人心理或精神产生被动疗效，均体现出毋庸置疑的治愈功效（图 7-4）。

由这些治疗性的、可食性的植物组成的可食景观，对人体健康也有极佳的改善效果。在美化城市环境，顺应人们内心对自然的无限向往与追求的同时，通过园林植物景观表达出的视觉美感、文化内涵与生活哲学，可缓解城市居民因生活节奏过快、工作压力巨大而产生的负面紧张情绪，改善城市居民的身体健康。

图 7–4　老年人参与园艺疗法的课程或活动

可食景观是都市农业的发展方向

农业自古就是国家发展的基础。但为了能跟上现今城市飞速前进的脚步，城市郊区和周边的传统农业不得不向现代都市农业转变。至此，城市景观与城市农业也逐渐有了不同程度的交叉。设计可食景观的目的是实现可食植物的生产和城市景观的营造，都市农业的形式是农业生产、农村建设和农民增收，可食景观是都市农业的提升发展方向。

都市农业最早是出现在欧美一些发达国家的城市周边及间隙地带。经过多年摸索，无论是在理论上还是实践上都已趋近成熟，逐渐形成类型多样、功能齐全的都市农业产业体系，并取得良好的经济、社会及生态效益。以美国大西洋沿岸和以色列等国家和地区为代表，很重视都市农业的经济推动以及传统农业文化的传承功能。一般来说，农业生产活动在强化人的主观能动性的同时，往往弱化自然环境的客观存在性，趋向于城市整体经济实力的提升和社会整体文化精神的糅合。而欧洲各国则更崇尚符合生态环境发展要求，并满足基本城市功能的农业发展模式。如以田园化城市著称的德国和以森林化城市为目标的英国，就是强调人类活动与自然环境和谐共生的最好范例。

从发达国家多年的都市农业发展经验中我们可以看出，城市环境、农业经济与社会文明这三方面的糅合或取舍就是都市农业的主要发展模式。即使为了城市农业发展，人们也绝不能以牺牲自我居住环境为代价。真正成功的都市农业体系，不仅要满足城市的经济功能，也要兼顾城市社会与自然生态这两方面的要求，这样全方位、全功能性的农业系统才能真正形成。 其实， 农业本身就是一种绿色产业， 是城市生态系统一个重要的组织部分。 植物在保育自然资源、涵养城市水源、调节城市微气候、保护生态环境等方面均具有不可替代的作用。 发展生态型、高科技型以及可持续型的现代农业， 城市中安全新鲜的各类农产品的产出、 就业机会及居民收入的增加、 城市居民之间的互动与交往、 农业文化及其他文化的传播和传承， 以及居民文化活动场地与类型的丰富等众多城市功能也能同时得到满足 （图 7-5）。

同发达国家相类似， 很多发展中国家的都市农业也有符合自己实际情况的实践。 增加城市食物供给、 保证作食品安全、 节约自然资源、 发展循环经济、 提供更多就业机会、 改善城市环境、改善生活质量、 促进居民身心健康， 这些对城市发展的实际利益， 在一定程度上促进了都市农业的进一步发展。

就中国的都市农业而言， 未来都市农业的发展势必会成为城市总体规划中不可或缺的一部分。试想一下， 我国人口众多、 粮食生产压力巨大， 如果真的从此脱离作为城市运转的物质基础的食物生产， 人们又将何去何从？因此， 食物供给系统是今后城市所有发展障碍中最重要的因素之一。 为了城市的健康发展， 人们要有意识地突破传统农业的局限性， 合理规划设计都市农业和可食景观体系， 打造具有本国特色， 经济、 社会、 生态三方面功能协调合作的都市农业发展模式， 并将其作为城市基础设施的一部分。 只要有效发挥传统农业的优势， 努力挖掘城市农业对城市发展的有益作用，带动城市的全方位发展， 人们创建城市社区可持续能力的愿望就一定会实现。

在我国都市农业的发展中， 台湾较早就开始制定都市农业计划。 经过多年研究和实践， 都市农业的建设理念及其管理体系均已基本健全， 在环保、 景观、 旅游、 教育等多方面均取得可观成效。随着中国台湾都市农业发展的步伐， 我国其他大中城市也相继开始关注都市农业模式在城市建设中的应用。 都市农业景观化、 都市农业与城市环境之间的关系等新理念均得到了人们的认同， 现代农业生产与城市景观的融合就成为一种既发展农业又改善环境的好方法 （图 7-6、 图 7-7）。 现今涌现出的各种城市景观中， 可食景观当之无愧地成为既有景观美化、 环境保护、 旅游开发、 宣传教育

图 7–5 杭州茶园可食景观

等社会功能，又有食物生产、居民参与、园艺疗法等经济功能的多功能景观模式。可食景观既是承担都市农业的食物生产功能，又是帮助人们打造城市美好景观的都市农业建设方式，他以自身出色的生产、美化及协调功能，成为一种独特的城市景观建设和都市农业的发展方向。

图 7-6　农业观光园可食景观（一）

图 7-7　农业观光园可食景观（二）

可食景观是可持续发展的必由之路

可食景观能够引导人们对现有自然资源进行有序利用， 避免在人为过度开发甚至资源浪费的基础上进行环境美化， 有效增强城市植物多样性， 保持景观环境与社会发展的和谐共存状态。可食景观符合自然、 城市与景观可持续发展要求， 是未来城市低影响设计和可持续发展的必然性选择。

可持续性又称永续性， 它可以是一个想法、 一种生产方法、 一个生活系统， 抑或是一种生活方式。 可持续性就是指能够始终保持一定过程或状态， 常见于生态与社会关系的研究过程中。 在解释人、 社会与环境的相互关系时， 可持续性则象征人们可预见未来的持续能力。它要求人们在发展过程中始终考虑经济提升、 追求社会公平、 关注生态和谐， 最终使城市达到全面发展的稳定状态， 即城市经济、 社会与生态环境三个方面始终达到协调统一。

伴随着自然生态过程遭到严重破坏、 生物多样性逐渐消失， 以及各物种自身生存和繁衍受到严重威胁， 可持续理论对于现今的地球而言变得越来越重要。 在生态环境率先满足可持续性以后， 经济、 社会和自然才能处于平衡状态， 继而实现真正的可持续发展。 为了有效地改善自然环境， 保持生态可持续能力， 作为城市高度发展后产生的风景园林， 也背负起更多的责任。 园林景观的服务对象和目标更不再局限于某一类特定人群， 也不是简单的改善城市环境， 而是面向全体公众， 对于维持地球生物圈的和谐稳定， 延续人类的繁衍具有重大意义。

在现代城市中， 园林景观的可持续发展也影响着城市的可持续发展。 如果我们能建成可持续发展的园林景观， 就可以最大限度的发挥园林绿地系统的生态和环境效益， 保证城市生态系统的稳定性以及健康状态， 推动自然环境、 能源与资源的永续利用， 从而实现全球生态的持续发展。 一个城市能否使居民感到幸福和快乐， 与城市的硬件条件和生态环境等均有密切的关系。 如何在城市前期规划设计和后期景观营造过程中， 时刻了解并满足人们的物质需求及其内心感受， 是创造持续发展和谐都市的基础条件之一。

城市食物体系的可持续性与城市可持续发展的关系十分密切。 因此， 将食物生产重新引入到都市生活中， 将居民意愿与当地食物体系架构完美融合， 以此推动城市和谐和可持续发展。 随着蓬勃发展的都市农业， 不断涌现的新型都市农业景观陆续进入现代城市人的生活，这样的愿景有望逐步实现。

可见， 重新将农业生产引入城市景观建设中， 探索更多都市农业景观类型及设计模式，推进城市农业景观化过程， 势必成为未来都市农业可持续发展必不可少的环节。 如此， 生产功能和景观效果兼顾， 能融入居民日常生活， 让人们体验都市现代农业， 并感受美好田园的可食景观， 便成为人们热衷的对象。 这些可食的绿色植物组成的植物景观是城市的一种特色景观， 或许有一天与我们印象中的菜园一样， 在城市中随处可见并唾手可得。

生态主义浪潮席卷全球， 人们对自身的发展， 对人与周边生物和环境的关系进行了反复的思考， 与自然联系最紧密的城市景观行业随即也受到审视。 景观设计师纷纷将自身使命与整个地球生态系统及人类最终命运联系起来。 园林景观的视觉享受和随之而来的经济、 社会效益已无法满足这个飞速发展的社会， 人类也无法修复被人为活动破坏殆尽的地球自然生态系统。 因此， 在任何的景观设计中， 只有将设计要素放在保证人与自然和谐共处的前提下来综合考虑， 这个景观在完成后才可能对使用它的人们产生积极的影响， 才能协调好人与自然可持续发展的平衡关系。 正如西蒙兹在 *Landscape Architecture* 一书中曾提到的观点， 景观设计师的终身目标和工作就是帮助人类， 使人、 建筑物、 社区、 城市以及他们的生活与地球能够真正的和谐共处。 对规划场地生态发展过程的尊重， 对物质能源的循环利用， 对生态系统自我维持以及可持续处理技术的倡导， 每个看似细微的设计之处， 其实都体现了现代景观、 生态文明理念以及景观与自然融合的必然发展趋势。 打造一种最有利于人类和地球保持可持续发展的景观形式， 进而保护大自然。

单纯从城市景观使用者的角度来考虑， “理解人类自身， 理解特定景观服务对象的多重需求与体验要求， 是景观规划设计的基础”。 其实， 自始至终， 规划的都不是场所、 不是空间、 也不是内容， 而是一种难得的体验。 这不仅包含人类身处景观环境中自己产生共鸣的体验， 还包含人类创造景观环境时反馈给地球环境的感受。 那么， 怎样才能设计出对人类社会和自然环境都具有实际意义的城市景观呢？这就要求人们从景观使用者的角度来理解自身的使用需求和感受， 注重当地的自然过程与文化现象， 利用对环境损伤最小的规划设计理念、 方法和技术， 秉承理解人、 理解人与自然相互关系， 以及尊重人、 尊重人类文化精神与心理感受的初衷， 努力打造人们理想中既注重生态良好、 又突出可持续发展特征的景观。 其中， 可食景观如果能够合理推广应用， 就可拉动农业商品经济， 美化城市生态环境， 减轻并解决城市农业用地紧张、 城市居民身心健康受损、 人们内心淡漠、 缺少互动交流等城市经济发展和社会和谐的问题。 同时， 都市农业生产割裂景观环境、 食物生产过程的安全隐患等因自然生态环境破坏而引起的一系列城市环境问题， 也会得到改善。

总之， 城市景观是一个自然生态系统和人类生态系统相叠加的复合生态系统。 任何一种景观环境都有物质、 能量及物种在流动的， 具有其功能和结构的。 如何让自然更好地参与设计， 让自然过程融入到每个人的日常生活中， 让人们主动感知、 体验并关怀自然， 继而创造出一种人与自然环境和平共处的方式， 寻找到包含可食景观在内的更多的景观营造方式， 保证地球及其所有生物的持续健康的发展， 是未来城市景观建设的重要过程。 在自然、 人类、 城市以及景观可持续发展的道路上， 人们还需要继续前行， 对其发展模式的探索， 更是任重而道远！

参考文献：

Michael Judd. 2014. Edible Landscaping with a Permaculture Twist: How to Have Your Yard and Eat it Too[M]. NewYork: Ecologia.

Jane Jacobs. 1961.Deth and Life of Great American Cities[M]. NewYork: Random House.

Lan Mcharg. 1992. Design with Nature[M]. NewYork: John Wiley&SonsInc.

苏伟 .2003. 发展观赏果树产业正当其时 [J]. 科技信息 (10): 26–32.

张东林 .2005. 初级园林绿化与育苗工培训考试教程 [M]. 北京：中国林业出版社 .

付丽莎 .2015. 探析可食性景观在景观设计中的应用 [J]. 中国包装工业（6）：108–110.

赵岩 .2016. 北京市社区互助农业的生产和经营 [D]. 北京：中国农业大学 .

史博臻 .2016–03–04. 同济大学 " 蔬菜花园 " 迎 "2.0 版 " 植物景观都可食用 [N]. 文汇报 .

邓彦，宋端 . 2008. 城市滨水景观设计中人的心理需求 [J]. 城市发展研究 (3): 51–53.

崔璨 . 2010. 给养城市——可食城市与产出式景观思想策略初探 [D]. 天津：天津大学 .

刘晓光 .2012. 景观美学 [M]. 北京 : 中国林业出版社 .

夏雪婷 . 2015. 都市农业景观应用于当代城市绿地设计的研究 [D]. 南京：南京林业大学 .

程双红 .2013. 浅析园林景观设计中的立意 [J]. 园林理论与研究（2）:26–27.

魏喜凤 . 吴铁明 . 2012. 园林植物配植中色彩的应用 [J]. 中国园艺文摘（9）:111,168.

诺曼 K·布思 .2009. 风景园林设计要素 [M]. 北京 : 中国林业出版社 .

郭伟琴，王琼 . 2010. 景观铺装的尺度浅析 [J]. 山西建筑（12）:17–18.

谷丽敏 . 2010. 果树病虫害综合防治技术 [J] 现代农村科技（22）:31.

April Philips. 2014. 都市农业设计：可食用景观规划、设计、构建、维护与管理完全指南 [M]. 申思，译 . 北京：电子工业出版社 .

巴里·W·斯塔克，约翰·O·西蒙兹·朱强，俞孔坚，郭兰，等，译 . 2014. 景观设计学——场地规划与设计手册 [M]. 5 版 . 北京：中国建筑工业出版社 .

李东徽，朱燕蕾，蔡晓琳 . 2009. 谈园林景观生态规划设计与可持续发展 [J]. 现代农业科技 (22):224–225.

图片来源：

图 1–9　缓解人们病痛与压力的景观塑造活动（http://www.360doc.com/content/15/0112/06/4054057_440032724.shtml）

图 1–10　国外城市可食地景案例（http://www.yogeev.com/article/25139.html?from=singlemessage&isappinstalled=0）

图 2–2　台湾庭园的永续设计（http://www.360doc.com/content/14/0501/11/14643059_373687425.shtml）

图 2–3　坡地水土保持的永续设计（http://www.360doc.com/content/14/0501/11/14643059_373684756.shtml）

图 2–8　元阳梯田（引自无忌摄影论坛）

图 2–9　油菜花田（引自人人小站）

图 2–10　桃花林（引自东瀛游网站）

图 2–11　昆明世博园蔬菜瓜果园（一）（http://wqglw.blog.163.com/blog/static/635806432009015680105/）

图 2–12　昆明世博园蔬菜瓜果园（二）（http://wqglw.blog.163.com/blog/static/635806432009015680105/）

图 2–18　植物叶色明度与冷暖色块对比（http://home.focus.cn/）（http://blog.sina.com.cn/u/1923727841）
（http://www.360doc.com/content/15/0116/15/16452091_441316811.shtml）

图 2–19　一米菜园示意（http://xinlingjiayuan.com.cn/?p=1183）

图 2–20　管道种植（http://blog.sina.com.cn/u/3400388194）

图 2–21　漂浮农场（http://www.chla.com.cn/htm/2016/0325/247789.html）

图 2–22　可食景观休息小品（https://www.pinterest.com/pin/242490761157819686/）

图 2–23　坊田·天空农场装饰小品（http://blog.sina.com.cn/s/articlelist_2731724574_12_1.html）

图 2–24　照明小品（http://tieba.baidu.com/p/3284642931）

图 2–25　Lafayette Greens 标识牌（https://www.asla.org/2012awards/index.html）

图 2–26　飞牛牧场指示牌（http://www.ipeen.com.tw/comment/325281）

图 2–27　Mini 四季花园洗手池（blog.sina.com.cn/metrostudio）

图 2–28　Lafayette Greens 服务小品（https://www.asla.org/2012awards/index.html）

图 3–2　施工现场地形整理 (http://blog.sina.com.cn/s/blog_501991340102ec7k.html)

图 3–4　花箱可食景观种植（http://e.163.com/docs/99/2016041218/BKFLP4SC05238DDG.html）

图 3–8　撒施（http://www.szyq.gov.cn/DocHtml/1/15/07/00108406.html）

图 3–9　沟施（http://www.chajiecn.com/article-view-3764.html）

图 3–16　果树的滴灌水肥一体化设施（http://zhangligong2004.blog.163.com/blog/static/4402891720139308475365）

图 3–19　水稻播种前晒种（http://www.xnz360.com/39–128607–1.html）

图 4–20　园艺疗养活动（一）（http://www.360doc.com/content/15/0929/11/27990461_502171754.shtml）

图 4–21　园艺疗养活动（二）（http://www.360doc.com/content/15/0929/11/27990461_502171754.shtml）

图 5–3　沈阳建筑大学的美丽稻田景观（http://www.archreport.com.cn/show–6–3388–1.html）

图 5–4　Lafayette Greens 食材花园（https://www.asla.org/2012awards/index.html）

图 5–5　Lafayette Greens 食材花园鸟瞰图（https://www.asla.org/2012awards/index.html）

图 5–8　巴黎博杰斯塞纳河岸“浮动花园”（一）

（<img src="http://attach.zhulong.com/blog/201308/14/110518xwugkk3ac58tojm7.jpg" title="archipelago–paris–seine–floating–gardens1.jpg" />）

图 5–9　巴黎博杰斯塞纳河岸“浮动花园”（二）

(<img src="http://attach.zhulong.com/blog/201308/14/110557zm6cc26owuremkai.jpg" title="berges–seine–cleaning–water–urban–ecosystem–urban–observer.jpg" />)

图 5–10　巴黎博杰斯塞纳河岸花园（一）

(<img src="http://attach.zhulong.com/blog/201308/14/110627ducixhwhnb2wbeea.jpg" title="les–berges–floating–gardens–jardins–flottants–urbangardensweb.jpg" />)

图 5–11　巴黎博杰斯塞纳河岸花园（二）

(<img src="http://attach.zhulong.com/blog/201308/14/110616rbrhy2al8yeu3pgq.jpg" title="fleurs–fonds–du–quai–marie–de–paris.jpg" />)

图 5–12　巴黎博杰斯塞纳河岸花园（三）

（<img src="http://attach.zhulong.com/blog/201308/14/110637ch080gwflbqoijhz.jpg" title="les–berges–zzzz.jpg" />）

图 5–13　巴黎博杰斯塞纳河岸花园（四）

（<img src="http://attach.zhulong.com/blog/201308/14/1106390l4eenfmuwlpie0k.jpg"title="paris–seine–zzz–containers–.jpg" />）

图 5–14　巴黎博杰斯塞纳河岸花园（五）

（<img src="http://attach.zhulong.com/blog/201308/14/110600nezbt2khre20bou7.jpg" title="blackborad–on–les–berges–paris.jpg" />）

图 5–15 巴黎博杰斯塞纳河岸花园（六）

（<img src="http://attach.zhulong.com/blog/201308/14/1106103nnckqkhg43jr0fj.jpg" title="dining–in–floating–garden–seine–paris.jpg" />）

图 5–16　巴黎博杰斯塞纳河岸花园（七）

（<img src="http://attach.zhulong.com/blog/201308/14/110624xivxez7n69lzbyvp.jpg" title="folie–sure–seine–les–berges.jpg" />）

图 5–17 巴黎博杰斯塞纳河岸花园（八）

（<img src="http://attach.zhulong.com/blog/201308/14/110635xpq1tu5s2ocrdnit.jpg" title="les–berges–table–and–people.jpg" />）

图 5–18　巴黎博杰斯塞纳河岸花园（九）

（<img src="http://attach.zhulong.com/blog/201308/14/110629nghvhzjenwvc8nht.jpg" title="les–berges–paris–hammocks–on–seine–urban–observer.jpg" />）

图 5–19　巴黎博杰斯塞纳河岸花园（十）

（<img src="http://attach.zhulong.com/blog/201308/14/110633e9scy5up3vmtsf9j.jpg" title="les–berges–planting–gardens1.jpg" />）

图 5–20　亚特兰大植物园垂直式可食景观（一）（http://news.zhulong.com/read175183.htm）

图 5–21　亚特兰大植物园垂直式可食景观（二）（http://news.zhulong.com/read175183.htm）

图 5–22　1999 年昆明园艺博览会蔬菜瓜果园景观（http://zybluehill.blog.163.com/blog/static/79261509200903746232 99/）

图 5–25　上海 K11 都市农庄辣椒种植（http://you.ctrip.com/travels/china110000/1657211.html）

图 5–26　上海 K11 都市农庄茄子豆角种植（http://you.ctrip.com/travels/china110000/1657211.html）

图 5–30　PASONA 公司总部大楼办公环境组图（http://www.damndigital.com/archives/101697）

图 5–31　Restaurant De Kas 生态餐厅就餐空间（http://dutchcn.baijia.baidu.com/article/262034）

图 5–32　Restaurant De Kas 生态餐厅食材温室（http://dutchcn.baijia.baidu.com/article/262034）

图 5–33　Restaurant De Kas 生态餐厅室外菜园（http://dutchcn.baijia.baidu.com/article/262034）

图 6–2　台湾清境农场（一）（引自互联网）

图 6–4　游客一起做大鼎锅巴饭（引自《联合报》）

图 6–5　台湾嘉义阿里山高山茶园景观 (http://tooopen.com/view/65897.html)

图 7–1　宜兰社区 (http://www.newsmarket.com.tw/blog/37919/)

图 7–3　园艺疗法相关课程的开展（http://yanjun20027.blog.163.com/blog/static/116569865201024822066/）

图 7–4　老年人参与园艺疗法的课程或活动（http://www.360doc.com/content/15/0112/06/4054057_440032724.shtml）